KB040868

예비 고등부터 고1까지

# 미리 끝내는

# 통합과학

## 개념 레시피

이유진·문무현 지음

상상아카데미

## 통합과학, 미래를 준비한다

우리는 하루가 다르게 발전하는 과학 세상 속에서 살고 있어요. 스마트폰을 통해 음성으로 문자를 보낼 수 있고, 집 밖에서 전자제품이나 조명을 껐다 켰다 할 수도 있어요. 그리고 인공 지능 로봇이 안전하게 운전하고, 어려운 수술도 하는 시대가 되었어요. 과거에는 상상할 수 없던 일이에요.

생활이 편리해지고 새로워지는 만큼 이런 환경에 적응하고 살아가야 하는 우리 친구들에게 꼭 필요한 것이 있어요. 바로 하나하나 나누어져 있는 과학 개념보다는 통합적인 관점에서 세상을 바라볼 수 있는 과학이 필요한 거예요. 고등학생이 되어 처음 배우는 과학이 '통합과학'이에요. "백지장도 맞들면 낫다."라는 속담이 있어요. 이것은 쉬운 일이라도 협력하면 훨씬 쉽다는 교훈을 담고 있어요.

이 속담처럼 어떤 현상에 대해서 하나의 지식으로만 접근하는 것이 아니라 전체적으로 개념을 통합하여 익히면 급변하는 세상에 잘 적응하고 미래를 준비할 수 있겠지요.

그런데 통합과학을 접한 학생들은 "어? 뭐가 뭔지 모르겠어.", "과학이 왜 이래?"라는 반응이 많았어요. 특히 고등학교 내신에서 큰 비중을 차지하는 통합과학이지만 내용이 복잡하게 느껴져서 핵심 내용을 잘 이해하지 못해서 어떤 것을 공부하고, 어떻게 시험을 준비해야 할지 난감해하는 학생들이 많았어요.

그래서 이런 고민을 조금이라도 덜어주고, 미래 사회를 살아가는 데 꼭 필요한 통합과학을 쉽게 익히고, 시험도 잘 대비할 수 있도록 돕기 위해서 이 책을 쓰게 되었어요.

사실 통합과학에서 나오는 개념들은 중학교에서 공부했던 내용과 크게 다르지 않아요. 단지 통합과학에서는 우주, 물질, 에너지, 환경 등의 중요하고 규모가 큰 요소들이 나와 있어서 어렵게 느껴지고 복잡하게 느껴질 뿐이에요.

하지만 걱정하지 마세요! 선생님이 이 책을 통해서 통합과학의 전체 내용을 쉽고 재미있게 익힐 수 있도록 핵심 주제를 뽑아 귀에 쏙쏙 들어오도록 스토리텔링 형식으로 내용을 구성했어요. 또, 선생님만의 강의 비법을 살려서 핵심 개념과 내신 대비에 꼭 필요한 개념을 한 눈에 파악할 수 있게 구성했어요. 꼭 알아야 하는 내신 필수 체크와 필수 탐구, 서·논술도 넣었어요. 이 책 한 권만으로도 통합과학과 쉽게 친해지고, 시험 때도 좋은 성적을 거둘 수 있을 거예요.

고등학교에 입학하기 전에 이 책을 미리 읽어 보고, 학교 교과서로 '통합과학'을 만나는 것을 가장 추천해요. 또, 학교 수업시간에 통합과학을 들어도 좀처럼 이해되지 않는다면, 이 책에서 학교 공부 진도에 해당하는 부분을 그때그때 찾아 공부해 보세요. 학교 수업에 정말 많은 도움이 될 거예요. 통합과학 수업 내용이 확확 들어오고 쏙쏙 기억되며 시험 문제가 술술 풀리게 해 주는 책이 될 거라고 확신해요!

전국의 모든 고등학생이 1학년 때 처음 접하는, 그리고 고등 내신의 첫걸음이 되는 통합과학을 이 책을 통해서 한 번에 꿰뚫고 자신감이 생기기를 바래요. 또한 과학에 흥미가 생겨 내신 성적을 올리고, 미래에 대한 안목도 넓히길 바라는 마음으로 축복을 듬뿍 담아 이 책을 펴냅니다.

## 통합과학은 어떤 과목인가요?

통합과학은 자연 현상을 통합적으로 이해하고, 이를 기반으로 자연 현상과 인간의 관계에 대한 이해, 과학기술의 발달에 따른 미래 생활 예측과 적응, 사회 문제에 대한 합리적 판단 능력 등 미래 사회에 필요한 과학적 소양을 함양하기 위한 과목이에요.

통합과학은 여러분들이 초·중학교에서 배웠던 과학 과목과도 연계되어 있어서 쉽게 이해할 수 있을 거예요. 그리고 앞으로 고등학교 2, 3학년에서 배울 '물리학Ⅰ·Ⅱ', '화학Ⅰ·Ⅱ', '생명과학Ⅰ·Ⅱ', '지구과학Ⅰ·Ⅱ' 등의 과학 과목과도 연계되어 있어서 정말로 중요한 과목이랍니다.

통합과학은 학생들의 과학적 소양을 기르기 위해 다음과 같은 9개의 핵심 개념을 중심으로 만들어졌어요.

> 물질의 규칙성과 결합·자연의 구성 물질
> 역학적 시스템·지구 시스템·생명 시스템
> 화학 변화·생물다양성과 유지
> 생태계와 환경·발전과 신재생 에너지

이제 통합과학 속으로의 여행을 시작해 볼까요?

## 15 세포 내 정보의 흐름

내가 그린 설계도로 작품을 만들어 볼까?

통합과학의
개념을 잡는
287개의 핵심
주제

영어로 작성된 메일을 받아본 적이 있나요? 영문 편지를 받게
되면 번역기를 이용해서 뜻을 해석해 볼 수 있을 거예요. 그런데
우리 몸 안의 세포에도 영문 메일을 보내고 번역하는 것과 비슷
한 일이 일어나고 있어요. 과연 어떤 일일까요?

### 유전자와 단백질

강아지는 네발로 움직이고 꼬리가 있으며, 백조는 앞다리 대신 날개
를 가지고 있고 입에는 부리가 있어요. 이처럼 생물은 각자의 특성을
가지고 있는데, 이렇게 생물이 나타내는 특성을 **형질**이라고 해요. 형
질은 세대를 거듭하면서 자손에게 전달되는데, 어떻게 이러한 일이 가
능한 것일까요? 그것은 생명체 내에 "이 생물은 이러이러한 형질이 있
다."라는 유전 정보를 가지는 물질이 있고, 그 물질이 자손에게 전달되
기 때문이에요. 그 물질은 바로 **DNA**예요. 특히 유전 정보를 가지는
**DNA** 위의 특정 부분을 **유전자**라고 해요.

쉽고 친절한
선생님의
명강의

다양한 형질에 대한 정보는
DNA의 특정 부분인 유전자가
가지고 있어요.

▲ 강아지와 백조의 형질은 다르다.

생명체 내에는 매우 많은 유전자가 있어요. 이 유전자는 어떻게 그 생물의 형질을 나타내는 것일까요? 유전자에 저장된 유전 정보에 따라서 세포에서 다양한 종류의 단백질이 만들어지고, 이 단백질은 효소가 되어 물질대사의 촉매가 되기도 하고, 생명체를 구성하면서 단백질에 의해 털 색깔, 귀 모양, 눈꺼풀 모양 등과 같은 여러 형질을 나타내게 돼요.

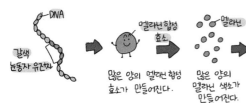

▲ **유전 정보와 단백질 관계** DNA의 유전자에 저장된 형질에 관한 유전 정보에 따라 단백질이 합성되며, 이 단백질의 작용으로 생물의 형질이 나타난다.

그림과 함께
이해가 쏙쏙!

DNA의 유전자에 저장된 유전 정보는 설계도라고 할 수 있어요. 유전 정보로 만들어진 단백질이 효소가 되어 물질대사를 통해 다시 몸을 구성하는 물질을 만드는 것은 설계도에 따라 집을 짓는 사람이에요. 유전 정보로 만들어진 단백질이 몸을 구성하는 것은 설계도에 따른 건축 재료로 생각할 수 있어요.

특정한 유전자에 이상이 생긴다면 효소가 부족해지고, 몸을 구성하는 단백질이 잘못 만들어지면서 신체에는 이상 증상이 나타나요. 예를 들어, 헤모글로빈이라는 단백질에 대한 유전 정보를 담고 있는 유전자에 이상이 생기면 헤모글로빈에 이상이 생기게 되어, 적혈구가 찌그러지고 산소를 잘 운반하지 못하게 되면서 빈혈이 나타난답니다.

다 더 빨리 떨어진다고 생각했어요. 공기 저항을 무시할 수 있는 경우에는 물체의 무게에 관계 없이 모든 물체가 동시에 떨어져요.

0.1초 ○
0.2초 ○
0.3초 ○
0.4초 ○

0.5초 ○

0.6초 ○

[ 공기 중 낙하 ]

0.1초 ○
0.2초 ○
0.3초 ○
0.4초 ○

0.5초 ○

0.6초 ○

[ 진공 중 낙하 ]

공기 저항이 없는 진공에서는 무거운 구슬과 가벼운 깃털은 동시에 떨어져요.

물체가 아래로 떨어질수록 0.1초 동안 낙하하는 거리가 점점 증가하는 것으로 보아 속력이 점점 증가하는 것을 알 수 있어요. 이렇게 물체의 속도가 변하는 운동을 가속도 운동이라고 해요. 가속도는 단위 시간당 속도의 변화량을 의미하며 단위는 m/s²이나 cm/s²을 사용해요.

$$가속도 = \frac{속도\ 변화량}{시간}$$

지표 부근에서 자유 낙하 운동하는 물체는 질량에 관계 없이 속력이 일정하게 증가하여 가속도가 약 9.8 m/s²(=980 cm/s²)이 되는데 이를 **중력 가속도**라고 해요. 그리고 이렇게 일정한 가속도를 갖는 운동을 **등가속도 운동**이라고 해요. 자유 낙하하는 물체의 속력이 일정하게 증가하는 등가속도 운동을 하는 것은 물체가 떨어지는 방향으로 지속적으로 일정한 크기의 중력이 작용하기 때문이에요.

핵심 문장을
한 눈에 파악

배운 내용을
바로바로 체크

**내신 필수 체크**

자유 낙하하는 물체의 속력은 어떻게 변하는가?

답 낙하하는 동안 속력이 일정하게 증가한다.

▣ 자유 낙하 운동에서의 속력과 가속도

| | 0.1초당 이동 거리(cm) | 속력 (cm/s) | 가속도 (cm/s²) |
|---|---|---|---|
| 0<br>4.9<br>19.6 | $4.9-0=4.9$ | $\dfrac{4.9}{0.1}=49$ | $\dfrac{147-49}{0.1}=980$ |
| 44.1 | 14.7 | 147 | 980 |
| 78.4 | 24.5 | 245 | 980 |
| 122.5 | 34.3 | 343 | 980 |
| | 44.1 | 441 | 980 |
| 176.4 | 53.9 | 539 | |
| 0.1초 간격으로 촬영한<br>자유 낙하 운동 | 0.1초당 낙하한 거리가 점점 증가 | 속력이 0.1초당 98 cm/s씩 일정하게 증가 | 가속도는 980 cm/s²으로 일정 |

단위(cm)

가속도가 일정

↘ 한 눈에
파악하는
그림으로
개념 잡기

- 속력 = $\dfrac{\text{이동 거리}}{\text{시간}}$ (단위: m/s)
- 가속도 = $\dfrac{\text{속도 변화량}}{\text{시간}}$ (단위: m/s²)

## 미리보는 탐구 STAGRAM

### 산과 염기의 중화 반응

① A~E까지 표시한 홈판에 온도와 농도가 같은 묽은 염산(HCl)과 수산화 나트륨 수용액(NaOH)을 아래의 표와 같이 넣어 섞은 다음, 각 혼합 용액의 최고 온도를 측정하고 결과를 표에 기록한다.

② A~E의 혼합 용액에 BTB 용액을 떨어뜨린 다음, 색의 변화를 관찰한다.

| 홈 번호 | A | B | C | D | E |
|---|---|---|---|---|---|
| 묽은 염산(mL) | 10 | 8 | 6 | 4 | 2 |
| 수산화 나트륨 수용액(mL) | 2 | 4 | 6 | 8 | 10 |
| 최고 온도(℃) | 20 | 23 | 26 | 23 | 20 |
| 혼합 용액의 색 | 노란색 | 노란색 | 초록색 | 파란색 | 파란색 |

과학 탐구
Q&A

 C에서 온도가 가장 높은 이유는 무엇인가요?

 반응한 수소 이온과 수산화 이온의 수가 가장 많아서 중화열이 가장 많이 발생했기 때문이에요.

 중화 반응이 일어났는데, 혼합 용액의 색이 다른 이유는 무엇인가요?

 A~E 모두 중화 반응은 일어났지만 혼합 용액 A, B에서는 중화 반응 후 수소 이온이 남아 있어 산성을 띠므로 노란색이고, C는 완전히 중화되어 중성이므로 초록색이며, D, E는 중화 반응 후에 수산화 이온이 남아 있어 염기성을 띠므로 파란색이 나타나는 거예요.

 새로운 댓글을 작성해 주세요.  등록

**이것만은!**
- 반응한 H⁺과 OH⁻ 수가 많을수록 중화열이 많이 발생한다.
- 중화 반응 후의 혼합 용액 속에 수소 이온이 남아 있으면 용액은 산성을 띠고, 수산화 이온이 남아 있으면 염기성을 띤다.

탐구에서
꼭 기억해야
할 것!

▣ 그림은 우리 생활에서 중화 반응을 이용하는 예를 나타낸 것이다. 어떤 원리로 중화가 일어나는지 정리해 보자.

✎ 예시답안

[예 1] 김치에서 신맛이 나는 것은 산성인 유산균에 의한 것으로, 염기성을 띠는 소다를 넣으면 중화되어 신맛을 줄일 수 있다.

[예 2] 벌침에 쏘았을 때 따끔거리는 것은 벌침 속에 존재하는 폼산에 의한 것으로 염기성인 암모니아수를 바르면 중화되어 자극이 완화된다.

[예 3] 생선에서 나는 비린내는 염기성 물질에 의한 것으로 산성의 레몬즙을 뿌리면 레몬 속에 풍부한 시트르산과 중화되어 비린내가 사라진다.

[예 4] 석회 가루를 물에 녹여 만든 석회수는 수산화 칼슘으로 산성화된 토양이나 호수를 중화할 수 있다.

통합적 사고를
키우는
탐구 서·논술

생각을 넓히고
논리를 키우는
알찬 예시답안

# 차례

## 3부_변화와 다양성

# I

# 물질의
# 규칙성과 결합

# 01 초기 우주에서 만들어진 원소

큰 폭발과 함께 생겨나다!

우주 공상과학 영화를 보면 우주는 끝없이 넓게 펼쳐져 있어요. 이러한 우주를 이루는 대부분의 물질은 수소와 헬륨이에요. 주요 원소가 산소나 규소, 철 등으로 이루어진 지구와 비교할 때 매우 다르지요. 특히, 헬륨은 지구에 매우 적은 양만 존재해요. 그런데 우주에는 어떻게 많은 수소와 헬륨이 생겨났을까요?

## 스펙트럼

우주를 구성하는 물질을 찾은 열쇠는 바로 스펙트럼이에요. 스펙트럼을 보기 위해서는 프리즘과 같은 분광기를 이용해야 해요. 빛이 분광기를 통과하면 파장에 따라 빛이 나누어지면서 여러 가지 색으로 분산되어 띠 모양이 나타나는데, 이것이 스펙트럼이에요. 스펙트럼에는 연속 스펙트럼과 선 스펙트럼이 있어요. 햇빛이나 백열전구 빛을 프리즘에 통과시키면 모든 파장 영역에서 연속적인 색깔이 나타나는데, 이것을 연속 스펙트럼이라고 해요.

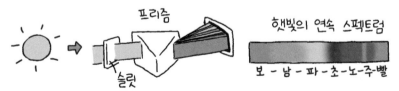

▲ 연속 스펙트럼은 빨간색에서부터 보라색까지 무지개색의 띠가 연속적으로 나타난다.

선 스펙트럼은 연속 스펙트럼과 달리 불연속적인 선으로 나타나요. 선 스펙트럼에는 검은 선이 나타나는 **흡수 스펙트럼**과 검은 바탕에 특정한 색의 선이 나타나는 **방출 스펙트럼**이 있어요.

흡수 스펙트럼은 별빛이 저온의 기체를 통과할 때, 대기를 구성하는 원소가 특정 파장의 빛을 흡수하기 때문에 그 부분이 검은 선으로 나타나는데, 이 검은 선을 흡수선이라고 해요.

방출 스펙트럼은 별빛이 고온의 기체를 통과하면 대기를 구성하는 기체가 빛을 흡수하고, 다시 방출하면서 특정한 색의 밝은 선이 나타나는데, 이 선을 방출선이라고 해요. 흡수선과 방출선은 원소의 종류에 따라 다른 위치에서 나타나요. 그러므로 선 스펙트럼을 관찰하면 별을 구성하는 원소의 종류를 알아낼 수 있어요.

기체를 구성하는 원소들이 항상 특정한 파장의 에너지만을 흡수하거나 방출하기 때문에 한 종류의 원소에서 관찰되는 흡수선과 방출선의 위치는 같아요.

| 흡수 스펙트럼 | 방출 스펙트럼 |
|---|---|
| • 별빛의 일부 파장이 저온의 기체에 흡수<br>• 무지개 색의 연속 스펙트럼 바탕에 검은 흡수선 | • 별빛이 고온의 기체에 의해 흡수되고 다시 재방출<br>• 어두운 바탕에 밝은 방출선 |

원소의 스펙트럼은 사람의 지문과 같아요. 즉, 지문만 보고도 누구인지 알아낼 수 있는 것처럼, 어떤 물질의 스펙트럼을 관찰하면 그 물질을 구성하고 있는 원소의 종류를 찾을 수 있어요.

과학자들은 우주를 구성하고 있는 천체의 스펙트럼을 분석하여 우주를 구성하는 원소의 대부분이 수소와 헬륨이며, 수소와 헬륨이 차지하는 질량비가 3:1이라는 사실까지 알게 된 것이에요. 그럼 수소와 헬륨은 우주에서 어떻게 생성된 것일까요?

## 물질의 구성

우주와 지구를 구성하는 모든 물질은 원자로 구성되어 있어요. 이러한 원자의 평균 크기는 1억분의 1 m 정도로 매우 작아요. 1 mm의 길이를 엠파이어스테이트 빌딩에 비유한다면, 원자의 크기는 종이 한 장에 비유할 수 있어요. 이렇게 작은 원자를 쪼개면 다시 원자 질량의 대부분을 차지하는 원자핵과 매우 작은 전자로 나눌 수 있고, 원자핵은 다시 양성자와 중성자로 나뉘어요. 양성자와 중성자는 더 작은 쿼크라는 입자가 모여서 만들어지는 것이에요. 모든 물질의 기본이 되는 가장 작은 단위의 입자인 쿼크는 어디에서 생겨났을까요?

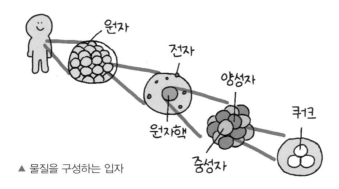

▲ 물질을 구성하는 입자

## 빅뱅과 물질의 탄생

우주가 팽창하고 있다는 사실을 알고 있나요? 과학자들은 다양한 연구를 통해서 우주가 팽창하고 있다는 많은 증거를 발견했어요. 대표적인 증거가 바로 우주 배경 복사와 우주를 구성하는 수소와 헬륨의 질량비가 3:1이라는 것이에요. 이러한 사실을 어떻게 알아냈는지 알아볼까요?

우주가 팽창하고 있다는 사실은 바로 과거의 우주 모습을 찾아낼 수 있는 힌트가 되므로 매우 중요한 의미를 가져요.

우주가 팽창하고 있다면, 과거의 우주는 현재보다 작았다는 것을 뜻해요. 즉, 시간을 거꾸로 돌리면 우주의 크기는 점점 작아지게 되고, 우주를 이루는 물질은 서로 가까워져서 결국에는 아주 작은 한 점에 모일 것이라고 생각할 수 있어요. 마치 작은 고무풍선에 공기를 넣게 되면 풍선이 점점 팽창하지만 다시 바람을 빼면 줄어들다가 작은 풍선으로 되돌아오는 것처럼 말이에요.

과학자들은 이러한 가정을 근거로 모든 물질과 에너지는 한 점에 모여 있었는데, 대폭발이 일어나면서 우주가 시작되었으며 우주는 지금도 계속 팽창하고 있다고 설명하고 있어요. 이것을 **빅뱅 우주론**이라고 해요. 빅뱅 우주론에 의하면 지금으로부터 약 138억 년 전 온도와 밀도가 아주 높은 한 점에서 빅뱅(대폭발)이 일어난 후, 우주는 계속 팽창하고 있다는 것이에요.

빅뱅으로 인하여 우주가 탄생했지만, 우주는 매우 고온 상태였기 때문에 입자가 생겨나지 못했어요. 빅뱅이 일어난 직후, 급격히 팽창하는 과정에서 온도가 낮아졌는데, 이때 최초로 기본 입자인 **쿼크**와 전자가 생겨난 것이에요. 쿼크는 다시 서로 결합하면서 양성자도 만들고 중성자도 만들었어요.

양성자는 중성자보다 질량이 약간 더 작아서, 질량 차이만큼 주위로부터 에너지를 흡수하면 중성자로 변해요. 반대로 중성자는 에너지를 방출하면서 양성자로 변하기도 해요.

초기 우주는 온도가 높아서 양성자가 중성자로, 중성자가 양성자로 자주 변해서 양성자와 중성자의 수가 거의 같았어요. 그런데 우주의 온

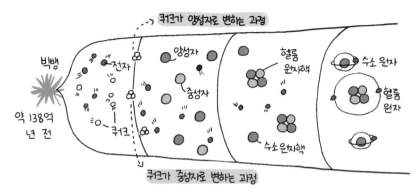

▲ 빅뱅 이후 우주의 온도가 낮아짐에 따라 기본 입자(쿼크, 전자)가 생성되고, 다시 양성자와 중성자가 생성되었고, 3분 후 원자핵이 생성된 후, 약 38만 년이 되어 원자가 형성되기 시작하였다.

도가 점점 낮아지면서 에너지를 흡수하는 것이 어려워졌어요. 따라서 양성자에서 중성자로의 변환은 어려워지고, 상대적으로 에너지를 방출하는 중성자에서 양성자로의 변환은 계속 일어났어요. 결국 중성자보다 양성자가 더 많아지면서 양성자와 중성자의 개수비는 약 7:1이 되었어요.

이때의 우주는 양성자와 중성자, 전자로 가득 차게 되었어요. 사실 양성자와 중성자가 처음 만들어질 때는 우주의 온도가 매우 높아서 양성자와 중성자가 빠르게 운동하므로 서로 결합하기가 어려워 양성자 1개가 바로 수소 원자핵이 되었어요. 우주에서 최초의 **원자핵**이 만들어지기 시작한 것이에요. 그리고 약 3분의 시간이 지나면서 우주의 온도가 낮아지면서 마침내 양성자 2개와 중성자 2개가 결합하게 되고, 헬륨 원자핵이 만들어졌어요.

양성자는 그대로 수소의 원자핵이 되었고, 양성자 2개와 중성자 2개가 결합하여 헬륨 원자핵을 형성했어요.

양성자와 중성자의 개수비가 약 7:1이었으므로, 수소 원자핵과 헬륨 원자핵의 개수비는 12:1이 돼요. 하지만 헬륨 원자핵의 질량은 수소 원자핵의 4배이므로, 수소 원자핵과 헬륨 원자핵의 질량비는 약 3:1이 되는 것이에요.

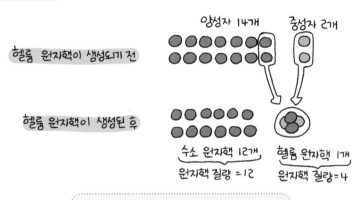

▲ 수소와 헬륨의 질량비

그 후에도 우주는 계속 팽창하면서 우주의 온도는 계속 내려갔고, 빅뱅 후 약 38만 년이 되었을 때 약 3000 K로 식었어요. 이때 원자핵과 전자는 결합할 수 있게 되어 원자를 형성하기 시작했어요. 특히, 수소 원자핵은 전자 1개와 결합하여 수소 원자가 되고, 헬륨 원자핵은 전자 2개와 결합하여 헬륨 원자가 되었어요.

그리고 원자가 형성되기 이전에는 전하를 띤 원자핵과 전자가 있어서 빛의 진행이 방해를 받았지만, 원자핵과 전자가 결합하여 중성 원자가 형성되면서부터 우주 공간의 입자 수가 줄어들고, 빛이 입자 사이를 자유롭게 움직일 수 있게 되어 우주 공간으로 퍼져 나갈 수 있게 되었어요.

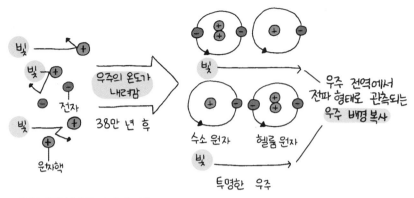

▲ 우주 배경 복사로 나타나는 빛

이렇게 퍼져나가 우주 공간을 가득 채우고 있는 빛을 우주 배경 복사라고 하는데, 빅뱅 후 약 38만 년이 되었을 때 우주 공간으로 퍼져나간 빛은 현재 2.7 K의 우주 배경 복사로 관측되고 있답니다. 빅뱅 우주론을 연구하던 과학자들은 빛이 우주 배경 복사로 관측될 것이라고 예상하였어요. 그리고 1964년에 우주의 모든 방향에서 동일한 세기로 관측되는 우주 배경 복사를 관측하게 되었어요.

빅뱅 우주론에서 예측한 우주 배경 복사가 실제로 관측되고, 별빛의 스펙트럼을 통해서 우주를 구성하는 수소와 헬륨의 질량비 3:1도 실제로 확인이 되면서 빅뱅 우주론이 확립된 것이에요.

## 내신 필수 체크

**1** 빅뱅 직후 최초로 만들어진, 물질을 이루는 기본 입자 두 가지는 무엇인가?

**2** 빅뱅 우주론에서 추정한 수소와 헬륨의 질량비와 개수비는 각각 어떠한가?

**3** 빅뱅 우주론을 뒷받침하는 대표적인 증거 두 가지는 무엇인가?

> 답 1. 쿼크, 전자  2. 질량비=3:1, 개수비=12:1
> 3. 우주 배경 복사, 수소:헬륨의 질량비=3:1

## 스펙트럼 관찰로 우주의 원소 분포 알아내기

① 분광기로 백열전구의 스펙트럼을 관찰한다.

② 분광기로 수소, 헬륨 등 여러 기체의 방전관에서 방출되는 빛을 관찰한다.

실험에서 관찰한 백열전구의 스펙트럼과 수소, 헬륨 방전관의 스펙트럼은 어떻게 다른가요?

백열전구의 스펙트럼은 연속 스펙트럼이 나타나지만 수소와 헬륨은 각각 선이 나타나는 위치나 굵기, 개수가 다른 선 스펙트럼이 나타나요.

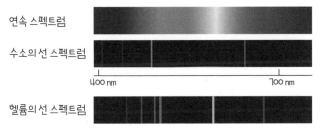

연속 스펙트럼

수소의 선 스펙트럼

400 nm          700 nm

헬륨의 선 스펙트럼

스펙트럼을 이용해서 우주를 구성하는 원소를 어떻게 알아내나요?

우주 전역에서 관측되는 스펙트럼을 살펴보면, 수소의 선 스펙트럼이 관측돼요. 이를 통해서 우주 전역에 수소가 분포하는 것을 알 수 있어요.

> 새로운 댓글을 작성해 주세요.        등록

✐ **이것만은!** • 원소의 종류에 따라 선 스펙트럼에 나타나는 선의 위치, 굵기, 개수 등이 다르다.
　　　　　　 • 우주 전역에서 관측되는 스펙트럼을 분석하여 우주를 구성하는 원소를 알아낼 수 있다.

# 02 별의 진화와 원소의 생성

별은 우주의 연금술사!

밤하늘의 별은 항상 그 자리에 있을 것 같고 변하지 않을 것 같지요? 그런데 별들도 태어나고 사라지기도 한답니다. 또한 별에서 우리 몸을 이루는 원소와 지구를 구성하는 원소를 만든다는데 어떻게 만드는지 알아볼까요?

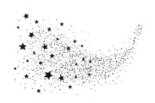

## 지구와 생명체를 구성하는 원소

빅뱅에 의해 우주가 시작된 후 초기 우주에서는 가장 가벼운 원소인 수소와 헬륨, 그리고 약간의 리튬이 만들어졌어요. 이후에는 우주가 계속 팽창하면서 온도가 낮아졌기 때문에 더 이상 새로운 원소가 만들어질 수 없었어요. 수소와 헬륨은 우주를 구성하는 전체 원소의 약 98 %로 가장 많은 양을 차지하지만 우리 주변에는 수소, 헬륨보다 더 무거운 원소들이 많이 존재해요. 지구에서 가장 가까이 있는 별인 태양에는 수소와 헬륨이 주요 구성 성분이지만 니켈, 산소, 규소, 황, 마그네

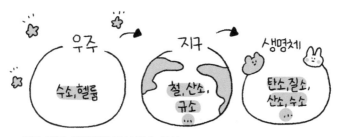

▲ 우주, 지구, 생명체의 구성 원소 차이

숨 등 약 70여 종의 원소가 존재해요. 우리가 사는 지구는 대부분 철, 산소, 규소 등으로 이루어져 있고 수소와 헬륨은 매우 적어요. 또, 우리의 몸은 탄소, 산소, 수소, 질소가 대부분을 차지해요. 지구는 우주를 구성하는 물질이 모여 만들어졌고, 생명체는 지구를 구성하는 물질로부터 만들어졌어요.

초기 우주에서 만들어질 수 없었던 이러한 원소들은 어떻게 만들어진 것일까요? 또, 태양이나 지구를 구성하는 물질, 우리 주변의 생명체를 구성하는 물질의 주요 구성 성분이 우주 초기에 만들어진 원소와 다른 까닭은 무엇일까요? 그 해답은 어두운 밤하늘을 수놓으며 아름답게 빛나는 수많은 별의 탄생과 진화 과정에서 찾을 수 있어요.

## 별의 탄생

빅뱅이 일어난 후 우주는 계속 팽창하여 온도가 점점 낮아졌고 약 2억 년이 지났을 무렵 우주에 새로운 변화가 나타났는데 바로 별이 탄생한 것이에요.

우주 초기에 만들어진 수소와 헬륨은 우주 공간에 고르게 분포하는 것이 아니라 밀도가 좀 더 높은 곳도 있고 낮은 곳도 있었어요. 밀도가 높은 곳은 밀도가 낮은 곳에 비하여 중력이 더 크기 때문에 주변의 수소와 헬륨을 더 많이 끌어모아 밀도가 더욱 높은 성운을 형성해요. 성운은 별과 별 사이에 있는 가스나 먼지, 티끌 등의 물질이 많이 모여 구름처럼 보이는 것을 말하는데, 최초의 별은 이러한 성운에서 탄생했어요.

성운 내부에서는 입자들이 중력에 의해 한곳으로 모이고 성운은 회전하면서 원반을 형성하게 돼요. 이 과정에서 성운 내부의 밀도가 높은 곳에서 원시별이 만들어졌어요. 원시별은 크기가 작고 온도도 낮지만,

계속 수축하면서 밀도와 압력이 커지므로 열이 발생하여 점차 온도가 높아져요. 원시별의 중심부 온도가 1000만 K 이상이 되면 수소가 융합하여 헬륨을 만드는 **수소 핵융합 반응**이 일어나면서 스스로 빛을 내는 별이 돼요.

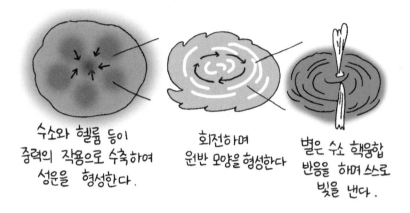

수소와 헬륨 등이
중력의 작용으로 수축하여
성운을 형성한다.

회전하며
원반 모양을 형성한다

별은 수소 핵융합
반응을 하며 스스로
빛을 낸다.

## 별의 진화와 원소의 생성

별의 내부에서 일어나는 핵융합 반응은 가벼운 원자핵이 융합하여 더 무거운 원자핵이 되는 과정을 말해요. 이 과정에서 매우 많은 에너지가 방출되지요. 별의 진화는 이러한 수소 핵융합 반응으로부터 시작해요.

수소 핵융합 반응은 별의 중심부에서 수소 원자핵 4개가 융합하여 헬륨 원자핵 1개를 만들면서 에너지를 방출하는 것으로 태양과 같은 별이 방출하는 에너지의 근원이 돼요. 헬륨 원자핵은 양성자 2개, 중성자 2개로 구성되는데, 별이 태어날 때는 수소 원자핵, 즉 양성자로부터 중성자를 만들면서 헬륨의 합성이 일어나요. 수소 핵융합 반응을 통해서 에너지를 생산하는 별은 물질을 끌어당겨 수축하려는 중력이 물질을 밖으로 밀어내려는 내부 압력과 평형을 이루면 더 이상 수축하지 않고 크기가 일정하게 돼요. 수소는 우주에서 가장 풍부한 원소이므로 별의 내부에서 수소 핵융합 반응은 비교적 오랜 시간 동안 일어날 수 있어요. 실제로 성운에서 탄생한 별은 이와 같은 수소 핵융합 반응에 의해 에너지를 생산해 내면서 대부분의 일생을 보내게 돼요.

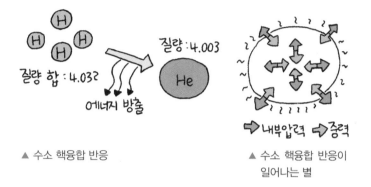

▲ 수소 핵융합 반응      ▲ 수소 핵융합 반응이
일어나는 별

그러면 수소가 핵융합 반응으로 모두 소모되어 별의 중심부가 헬륨으로 가득 차면 별은 어떻게 될까요? 별의 중심부에서 수소가 모두 헬륨으로 바뀌면 수소 핵융합 반응이 일어나지 않으므로 헬륨으로 이루어진 중심부가 수축해요. 이 과정에서 발생한 에너지는 다시 중심부 바깥의 수소층을 가열하여 수소 핵융합 반응이 일어나며 별의 외곽이 부풀어 올라 크기가 수백 배 이상으로 팽창해요. 팽창하는 별은 표면 온도가 낮아져 붉게 보여요.

한편, 별의 중심부 온도가 1억 K 이상이 되면 헬륨 핵융합이 시작되어 탄소가 만들어져요. 질량이 태양 정도인 별은 중심부의 온도가 탄소 핵융합 반응이 일어날 정도로 높아지지 않기 때문에 헬륨 핵융합 반응까지만 일어나고 죽음을 맞이하게 돼요. 그러나 질량이 태양보다 매우 큰 별은 중심부에 탄소가 만들어진 후에도 온도가 계속 높아져 핵융합 반응에 의해 산소, 네온, 나트륨, 마그네슘 등 더 무거운 원소가 차례로 만들어져요. 이러한 과정을 거쳐 별의 내부에서 철까지 만들어지고 나

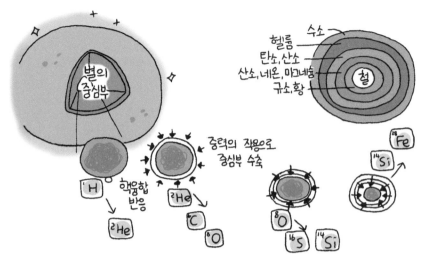

▲ 원소의 생성

면 더 이상의 핵융합 반응은 일어나지 않아요. 그 이유는 철의 원자핵은 매우 안정해서 철보다 무거운 원소가 만들어지기 위해서는 외부에서 에너지를 공급해 주어야 하기 때문이에요.

그러면 우리 주변에 존재하는 금, 은, 구리 등과 같이 철보다 무거운 원소들은 어떻게 만들어졌을까요? 질량이 매우 큰 별은 중심부에 철이 만들어지면 더 이상 핵융합 반응이 일어나지 않으므로 중력에 의해 수축해요. 이때 별의 중심부가 수축을 견디지 못하면 폭발하는데, 이것이 초신성 폭발이에요. 초신성 폭발이 일어나면 엄청

▲ **게성운** 1054년에 폭발이 관측된 초신성의 잔해이다.

난 에너지가 발생하여 철보다 무거운 원소들이 만들어져요. 그리고 초신성 폭발과 함께 우주 공간으로 퍼져나간 물질들은 새로운 별을 만드

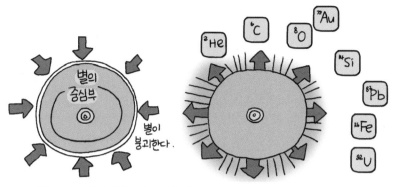

▲ 초신성 폭발로 생성된 철보다 무거운 원소들

는 데 사용되거나, 지구와 같은 행성이나 생명체를 만드는 재료가 되는
거예요. 현재 우리의 몸을 이루고 있는 무거운 원소들도 오래 전에 있
었던 초신성 폭발의 잔해랍니다.

**내신 필수 체크**

1 별의 중심부에서 수소 핵융합 반응으로 만들어지는 원소는 무엇인가?

2 별의 진화 과정에서 철보다 무거운 원소들은 어떤 과정을 통해 만들어지는가?

답 1. 헬륨 2. 초신성 폭발

## 태양계와 지구의 형성

드넓은 우주에서 생명체가 사는 지구는 아주 특별한 행성이에요. 지
구가 속한 태양계는 어떻게 만들어졌을까요? 과학자들에 의하면 태양
계는 초신성 폭발과 함께 만들어진 거대한 성운에서 탄생했다고 해요.

지금으로부터 약 50억 년 전 우리 은하에 있던 초신성이 폭발하면서
그 충격으로 성운 내부에 밀도가 불균일한 부분이 생겼어요. 이에 따라
성운을 이루고 있던 물질들은 밀도가 큰 부분을 중심으로 모여들면서

서서히 회전하기 시작했어요. 시간이 지남에 따라 성운이 수축하는 속도와 회전 속도가 빨라졌으며, 성운을 이루고 있던 물질들이 성운의 회전축과 수직인 평면상에 가라앉아 중심 부분이 볼록하고 가장자리가 납작한 원반 모양을 이루게 되었어요. 성운의 중심부에는 원시 태양이 형성되었고, 원시 태양의 중심부에서는 중력 수축에 의해 온도가 높아지면서 마침내 수소 핵융합 반응을 일으켜 스스로 빛을 내는 태양이 형성되었어요.

한편, 성운의 원반부에서는 회전하던 물질들이 충돌하면서 성장하여 수많은 미행성체가 형성되었어요. 이 미행성체들이 서로 충돌하여 합쳐지면서 태양 가까운 곳에서는 무거운 성분으로 이루어진 지구형 행성이, 먼 곳에서는 가벼운 성분으로 이루어진 목성형 행성이 형성된 것이에요.

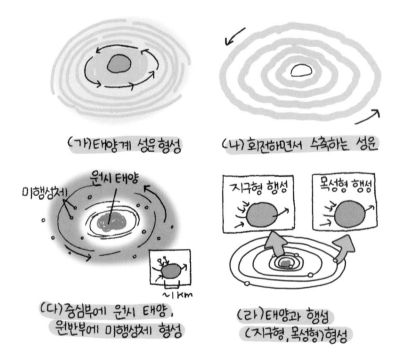

(가) 태양계 성운 형성

(나) 회전하면서 수축하는 성운

(다) 중심부에 원시 태양, 원반부에 미행성체 형성

(라) 태양과 행성 (지구형, 목성형) 형성

태양계의 다른 행성들과 마찬가지로 지구도 미행성체 충돌에 의해 형성되었어요. 지구형 행성에 속하는 지구는 생성 당시 미행성체 충돌 과정에서 발생한 열에 의해 **마그마 바다**가 형성되었으며, 철과 니켈 같은 무거운 물질은 지구 중심으로 가라앉아 핵을 이루었고, 규소와 산소 등 가벼운 물질은 위로 떠올라 맨틀을 형성하였어요. 시간이 지남에 따라 미행성체의 충돌이 줄어들고 온도가 낮아지면서 지구의 겉 부분이 굳어져 암석으로 된 원시 지각이 형성되었어요. 이후 온도가 충분히 낮아지면서 대기 중의 수증기가 응결하여 비로 내려 바다를 이루었으며, 바다 속에서 최초의 생명체가 출현하였어요.

이처럼 빅뱅 이후 만들어진 수소와 헬륨은 별을 만드는 재료가 되고, 별의 죽음, 즉 초신성 폭발도 또다시 다음 세대의 별을 만드는 재료가 되는 것이에요.

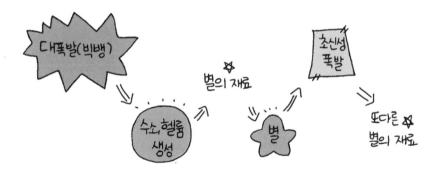

**내신 필수 체크**

1 태양계 형성 초기에 만들어져 행성을 형성한 작은 천체를 무엇이라고 하는가?
2 지구의 핵을 구성하는 주요 성분은 무엇인가?

답 1. 미행성체 2. 철, 니켈

# 03 원소의 주기성

우리는 원소 가족!

우주에는 수소와 헬륨이 가득하고 지구의 대기에는 질소와 산소가 풍부해요. 또, 우리와 같은 생명체는 탄소, 수소, 산소 등으로 이루어져 있어요. 이처럼 모든 물질은 원소로 구성되어 있고 원소는 약 110여 종이 있어요. 원소들은 각각 개성이 있으며 비슷한 특성을 가진 원소 가족도 있답니다.

## 금속 원소와 비금속 원소

마트에 가면 물건을 찾기 쉽게 식품, 음료, 의류, 문구류 등으로 분류되어 있어요. 물건들이 기준도 없이 마구 섞여 있다면 주스 하나를 사려고 해도 시간이 더 걸리겠지요? 마찬가지로 약 110여 종이나 되는 원소를 특정한 기준에 따라 분류해 두면, 필요한 원소를 찾고 그 특성을 이용하기가 쉬워진답니다.

먼저, 많은 원소 중에서 금속의 성질을 가진 원소와 비금속의 성질을 가진 원소를 묶어 볼 수 있어요. 금속이라 부르는 철, 구리, 금, 은 등은 모두 금속 원소예요. 금속 원소의 중요한 특징 중의 하나는 광택이 있다는 것이에요. 철이나 은처럼 백색이나 회백색의 금속 광택을 내는 원소가 많지만, 구리처럼 붉은색, 금처럼 노란색의 광택을 내는 원소도 있어요. 그리고 수은을 제외한 모든 금속은 실온에서 고체 상태로 존재해요. 금속은 열을 잘 전달하므로 냉각관이나 조리 기구 등에 쓰이며, 전기도 잘 통하는 특징이 있어서 전기 회로나 전선에 이용되고 있어요.

▲ 단단한 금속 원소는 기계 부품에 이용되고, 전기 전도성이 좋은 금속은 전선에 이용되며, 특유의 광택이 있는 금속은 그릇이나 포크 등 주방용품에 이용된다.

금속 원소와 달리 광택이 없고, 열과 전기도 잘 통하지 않는 성질을 가진 탄소, 질소, 산소, 헬륨 등의 원소를 **비금속 원소**라고 해요. 비금속은 대부분 실온에서 고체나 기체로 존재하며, 브로민만 액체 상태예요. 비금속 원소는 금속 원소보다 종류는 적지만 다른 원소와 결합하여 다양한 물질을 만들어요.

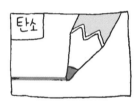  

▲ 연필심에 이용되는 탄소, 과자 봉지 충전제로 사용되는 질소, 풍선에 사용되는 기체 헬륨은 모두 비금속 원소이다.

**내신 필수 체크**

다음 원소 중에서 비금속 원소를 모두 골라 쓰시오.

• 구리    • 금    • 수소    • 산소    • 은    • 철    • 탄소

답 수소, 산소, 탄소

## 주기율표

　원소는 금속 원소, 비금속 원소뿐만 아니라 다른 성질을 기준으로도 분류할 수 있어요. 과학자들은 원소를 체계적으로 분류하는 방법을 계속해서 연구하였어요. 그 결과 원소의 성질에 따라 분류됨과 동시에 주기적으로 성질이 비슷한 원소가 나타나도록 배열한 표를 만들게 되었는데, 이것을 주기율표라고 해요. 1869년에 멘델레예프(Mendeleev, D. I., 1834~1907)를 시작으로 1913년에는 모즐리(Moseley, H. G. J., 1887~1915)까지 원소의 주기적 성질을 이용하여 주기율표를 만들었어요. 현재 사용하는 주기율표는 원소를 원자 번호가 증가하는 순서대로 나열하고, 성질이 비슷한 원소가 같은 세로줄에 오도록 배열한 것이에요. 주기율표의 가로줄은 주기라고 하는데, 1주기~7주기까지 있어요. 주기율표의 세로줄은 족이라고 하며, 1족~18족까지 있어요. 같은 족에 속한 원소들은 화학적 성질이 비슷하기 때문에 동족 원소라고 해요.

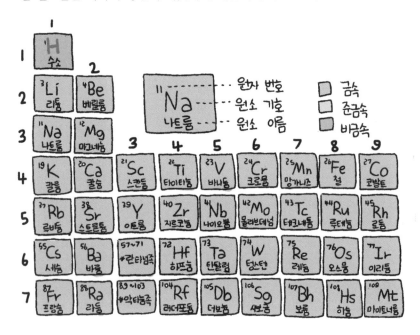

현대 주기율표에서 배열 순서를 결정하는 기준인 원자 번호는 원자핵을 이루는 양성자 수와 같고, 원자가 가진 전체 전자 수와 같아요.

이러한 주기율표는 비슷한 성질을 가진 원소를 잘 찾을 수 있게 해주는 역할을 하는데, 달력과 비슷하지요? 달력에서 3일이 화요일이면 10일, 17일 역시 화요일이라는 것을 알 수 있어요. 그것은 달력에서 7  일마다 같은 요일이 반복되는 주기성이 있기 때문이에요.

주기율표에서 1족에 있는 리튬(Li), 나트륨(Na), 칼륨(K) 등은 실온에서 고체 상태이며 은백색 광택을 가지고 있지만, 공기 중에서 쉽게 광택을 잃어요. 그리고 물과 반응하여 수소 기체를 발생하며, 반응 후 물은 염기성을 띠는 성질이 있어요. 또한, 칼로 쉽게 잘릴 정도로 무르며, 열과 전기를 잘 통하게 한다는 공통적인 성질을 가지고 있어요. 이 원

실온에서 상태

| 고체 | 액체 | 기체 |

| | | | | 13 | 14 | 15 | 16 | 17 | 18 |
|---|---|---|---|---|---|---|---|---|---|
| | | | | | | | | | ²He 헬륨 |
| | | | | ⁵B 붕소 | ⁶C 탄소 | ⁷N 질소 | ⁸O 산소 | ⁹F 플루오린 | ¹⁰Ne 네온 |
| 10 | 11 | 12 | | ¹³Al 알루미늄 | ¹⁴Si 규소 | ¹⁵P 인 | ¹⁶S 황 | ¹⁷Cl 염소 | ¹⁸Ar 아르곤 |
| ²⁸Ni 니켈 | ²⁹Cu 구리 | ³⁰Zn 아연 | ³¹Ga 갈륨 | ³²Ge 저마늄 | ³³As 비소 | ³⁴Se 셀레늄 | ³⁵Br 브로민 | ³⁶Kr 크립톤 | |
| ⁴⁶Pd 팔라듐 | ⁴⁷Ag 은 | ⁴⁸Cd 카드뮴 | ⁴⁹In 인듐 | ⁵⁰Sn 주석 | ⁵¹Sb 안티모니 | ⁵²Te 텔루륨 | ⁵³I 아이오딘 | ⁵⁴Xe 제논 | |
| ⁷⁸Pt 백금 | ⁷⁹Au 금 | ⁸⁰Hg 수은 | ⁸¹Tl 탈륨 | ⁸²Pb 납 | ⁸³Bi 비스무트 | ⁸⁴Po 폴로늄 | ⁸⁵At 아스타틴 | ⁸⁶Rn 라돈 | |
| ¹¹⁰Ds 다름슈타튬 | ¹¹¹Rg 뢴트게늄 | ¹¹²Cn 코페르니슘 | ¹¹³Nh 니호늄 | ¹¹⁴Fl 플레로븀 | ¹¹⁵Mc 모스코븀 | ¹¹⁶Lv 리버모륨 | ¹¹⁷Ts 테네신 | ¹¹⁸Og 오가네손 | |

소들을 묶어서 **알칼리 금속**이라고 해요.

주기율표에서 17족에 있는 플루오린(F), 염소(Cl), 브로민(Br), 아이오딘(I)은 **할로젠 원소**라고 하는데, 종류에 따라 독특한 색깔을 띠며 열과 전기 전도성은 거의 없어요. 할로젠 원소는 반응성이 커서 나트륨이나 수소 기체와 반응하여 화합물을 잘 만들어요.

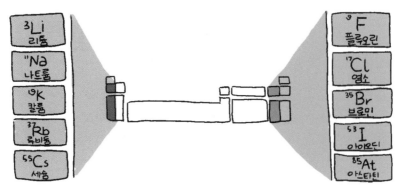

▲ 알칼리 금속(1족 원소 중 수소 제외)과 할로젠 원소(17족 원소)

**내신** 필수 체크

**1** |보기|의 ㉠~㉢에 들어갈 알맞은 말을 쓰시오.

┤보기├
현재 사용하고 있는 주기율표는 원소를 ( ㉠ ) 순서대로 나열한 것이며, 주기율표의 세로줄을 ( ㉡ ), 가로줄을 ( ㉢ )라고 한다.

**2** 알칼리 금속에 관한 것은 '알', 할로젠 원소에 관한 것은 '할'이라고 쓰시오.

(1) 은백색의 광택이 있다. (     )

(2) 칼로 쉽게 잘릴 정도로 무르며 열과 전기를 잘 통한다. (     )

(3) 주기율표에서 17족에 해당하는 원소이다. (     )

📋 1. ㉠ 원자 번호, ㉡ 족, ㉢ 주기  2. (1) 알, (2) 알, (3) 할

## 원자의 전자 배치와 주기율표

1족의 알칼리 금속, 17족의 할로젠 원소와 같이 같은 족에 속한 원소들은 왜 화학적 성질이 비슷한 것일까요? 그것은 바로 원자를 구성하는 전자의 배치와 관련이 있어요.

원자는 원자핵과 전자로 이루어져 있고, 원자핵은 양성자와 중성자로 이루어져 있어요. 이때 한 원자에 들어 있는 양성자와 전자의 수가 같기 때문에 원자는 전기적으로 중성이에요. 또, 원자마다 양성자의 수가 다르며, 양성자의 수에 따라 원자 번호가 정해지는 것이에요.

예를 들어, 수소는 양성자 수가 1개로 원자 번호 1에 해당하고, 주기율표에서 맨 처음 나와요. 산소는 양성자 수가 8개 있어서 원자 번호는 8번이에요. 원자 번호는 그 원소가 가지는 전자의 개수와도 같아요. 즉, 수소는 전자 1개, 산소는 전자 8개를 가지고 있는 것이에요.

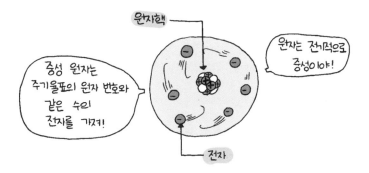

전자는 원자 안에서 가만히 있는 것이 아니라, 특정한 에너지를 갖는 궤도를 따라 원자핵 주위를 돌고 있는데, 이 궤도를 전자 껍질이라고 해요. 전자 껍질은 원소가 가진 전자의 개수에 따라서 한 겹, 두 겹, 세 겹 등으로 껍질 수가 달라져요. 마치 껍질이 겹겹이 쌓인 양파와 같아요. 전자는 원자핵에 가까운 전자 껍질부터 차례로 배치되는데 각 전자 껍질에 최대로 배치될 수 있는 전자의 수가 정해져 있어요. 원자핵에서 가장 가까운 첫 번째 전자 껍질에는 최대로 전자 2개가 배치될 수 있고, 두 번째 껍질, 세 번째 껍질에는 최대로 전자 8개가 배치될 수 있어요.

예를 들면, 수소는 전자가 1개 있어서 전자 1개가 배치되어 있어요. 첫 번째 전자 껍질에는 최대 2개의 전자만 배치될 수 있기 때문에 원자 번호 3인 리튬은 3개의 전자가 한 껍질에 모두 배치될 수가 없어요. 따라서 리튬은 전자 껍질이 두 겹이 되면서 3번째 전자가 두 번째 전자 껍질에 배치돼요. 원자 번호 11인 나트륨은 어떨까요? 첫 번째 전자 껍질에 2개, 두 번째 전자 껍질에는 최대로 8개의 전자만 배치되면서, 남은 전자 1개는 세 번째 전자 껍질에 배치되지요.

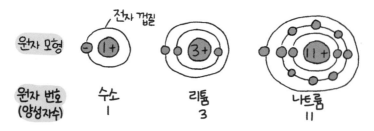

주기율표에서 원자의 전자 배치를 해보면 1주기인 수소와 헬륨은 전자 껍질 1개, 2주기인 리튬부터 네온까지는 전자 껍질 2개, 3주기인 나트륨부터 아르곤까지는 전자 껍질이 3개예요. 주기율표에서 같은 주기 원소들은 전자가 들어 있는 껍질 수가 같아요.

원자의 전자 배치에서 가장 바깥 전자 껍질에 배치된 전자를 **원자가** **전자**라고 하는데, 1족 원소인 수소, 리튬, 나트륨은 원자가 전자가 1개이고, 2족 원소인 베릴륨, 마그네슘은 원자가 전자가 2개이며, 17족 원소인 플루오린과 염소는 원자가 전자가 7개예요. 즉, 같은 족 원소들은 같은 개수의 원자가 전자를 가지는 거예요. 같은 족 원소들의 화학적 성질이 비슷한 이유를 원자가 전자에서 찾아볼 수 있어요.

| 구분 | 리튬 | 나트륨 |
|---|---|---|
| 첫 번째 전자 껍질의 전자 수 | 2 | 2 |
| 두 번째 전자 껍질의 전자 수 | 1 | 8 |
| 세 번째 전자 껍질의 전자 수 | - | 1 |

| 구분 | 플루오린 | 염소 |
|---|---|---|
| 첫 번째 전자 껍질의 전자 수 | 2 | 2 |
| 두 번째 전자 껍질의 전자 수 | 7 | 8 |
| 세 번째 전자 껍질의 전자 수 | - | 7 |

'원자가 전자'는 원자핵에서 가장 먼, 바깥쪽 전자 껍질에 있는 전자이므로 양전하를 띠는 원자핵과 서로 끌어당기는 정전기적 인력이 안쪽 전자 껍질에 있는 전자들보다는 작아서 비교적 자유롭다고 할 수 있어요. 원자는 원자가 전자를 잃기도 하고, 다른 원자로부터 받아들이기도 하면서 이온이 되거나 다른 원자와 결합할 때 관여해요. 따라서 원자가 전자의 수가 같으면 화학적 성질도 비슷하게 되는 것이에요. 결국, 원자 안의 전자 배치가 주기성을 가지고 규칙적으로 이루어지면서 원소의 주기성이 주기율표에 반영되는 거예요.

**내신**필수 체크

같은 족에 속한 원소들은 (          )이(가) 같아 화학적 성질이 비슷하다.

답 원자가 전자의 수

## 미리 보는 탐구 STAGRAM

### 알칼리 금속과 할로젠 원소의 성질

① 쌀알 크기의 리튬과 나트륨 조각을 페놀프탈레인 용액을 떨어뜨린 물이 담긴 비커에 각각 넣었더니 물이 붉게 변하였다.

② 표는 할로젠 원소의 반응과 원자가 전자 수를 정리한 것이다.

리튬 조각

페놀프탈레인 용액을 넣은 물

| 구분 | 수소와의 반응 | 나트륨과의 반응 | 원자가 전자 수 |
|------|------------|--------------|--------------|
| 플루오린 | 매우 빠르게 반응 | 매우 격렬히 반응 | 7개 |
| 염소 | 빠르게 반응 | 격렬히 반응 | 7개 |
| 브로민 | 반응 | 잘 반응 | 7개 |

 리튬을 물에 넣었을 때 페놀프탈레인 용액을 떨어뜨린 물이 붉게 변한 이유는 무엇인가요?

 리튬과 같은 알칼리 금속은 물과 빠르게 반응하여 기체를 발생하고, 반응 후에는 염기성을 띠기 때문이에요.

 1족 알칼리 금속과 17족 할로젠 원소처럼 같은 족 원소들이 비슷한 화학적 성질을 가지는 까닭은 무엇인가요?

 같은 족 원소들은 원자가 전자의 수가 같기 때문에 원자가 이온이 될 때나 다른 원자와 결합하게 될 때, 비슷한 화학적 성질을 나타내는 거예요.

새로운 댓글을 작성해 주세요.　　　　　　　　　　　　　　　등록

✏️ **이것만은!** • 주기율표에서 같은 족 원소들은 같은 수의 원자가 전자를 가지므로 비슷한 화학적 성질을 나타낸다.

# 04 화학 결합

가족의 탄생!

요즘은 1인 가구가 많이 있지만 아직은 짝을 이뤄 가정을 이루는 경우가 대부분이라 할 수 있지요. 지구에 존재하는 많은 원소도 원소 상태로 존재하기도 하지만 대부분은 다른 원소와 결합하여 존재한답니다. 그럼 원소는 어떻게 결합을 이루는지 알아볼까요?

## 비활성 기체

주기율표에서 18족에 속하는 원소인 헬륨(He), 네온(Ne), 아르곤(Ar) 등을 **비활성 기체**라고 해요. 비활성 기체는 반응성이 작고 안정하여 다른 원소와 화합 결합을 거의 하지 않아요. 독립하여 혼자 사는 것처럼 원자 상태가 안정한 원소예요. 비활성 기체는 왜 안정할까요? 그것은 가장 바깥 전자 껍질에 전자가 모두 채워져 있기 때문이에요. 1주기인 헬륨은 2개로, 네온과 아르곤은 8개의 전자로 채워져 있는 안정한 상태이므로 다른 원소들과 결합을 거의 하지 않는 것이에요.

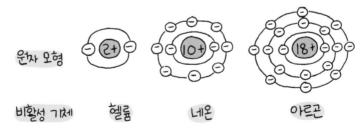

▲ 비활성 기체인 헬륨, 네온, 아르곤은 가장 바깥 전자 껍질에 전자가 모두 채워져 있다.

18족에 속하지 않는 원소들은 가장 바깥 전자 껍질이 모두 전자로 꽉
채워져 있지 않기 때문에 화학적으로 불안정한 상태예요. 따라서 18족
원소와 같은 안정한 전자 배치를 하려는 경향이 있어요.

먼저 금속 원소는 전자를 잃고 양이온이 되면 비활성 기체와 같은 전
자 배치를 가지게 돼요. 예를 들어, 금속 원소인 마그네슘(Mg)은 원자
가 전자가 2개예요. 이때 가장 바깥 전자 껍질에 2개의 전자가 있으므
로 6개의 전자를 얻어 채우기보다는 전자 2개를 잃기 쉬워서 양이온
($Mg^{2+}$)이 되는 거예요. 이렇게 되면 가장 바깥 전자 껍질을 모두 채우
는 배치가 되어 안정하게 되는 것이에요.

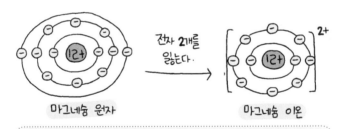

마그네슘 원자          전자 2개를 잃는다.          마그네슘 이온

금속 원소는 전자를 잃고 양이온이 되면, 가장 바깥 껍질에 전자 8개가 모두
채워진 안정한 전자 배치가 돼요!

반면, 비금속 원소는 전자를 얻어 음이온이 되면 비활성 기체의 전자
배치와 같아져요. 예를 들면, 산소(O)는 원자가 전자가 6개인데, 가장
바깥 전자 껍질에 6개의 전자가 있으므로 6개의 전자를 모두 버리기보
다는 2개의 전자를 얻어서 가장 바깥 전자 껍질을 모두 채우는 음이온
($O^{2-}$)이 되기 쉬운 것이에요.

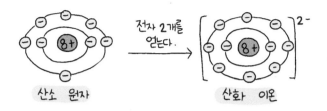

산소 원자 → 산화 이온

전자 2개를 얻는다.

비금속 원소는 전자를 얻어 음이온이 되면, 가장 바깥 껍질에 전자 8개가 모두 채워진 안정한 전자 배치가 돼요!

**내신 필수 체크**

주기율표에서 18족에 속하는 원소로, 반응성이 작고 안정하여 다른 원소와 화합 결합을 거의 하지 않는 원소를 무엇이라고 하는가?

답 비활성 기체

## 이온 결합

18족에 속하지 않은 원소들은 다른 원소와 화학 결합을 하여 안정한 상태를 이루려고 해요. 남녀가 결혼하는 것처럼 금속 원소와 비금속 원소가 화학 결합을 이루는 방법을 먼저 알아볼까요?

금속 원소는 전자를 잃고 양이온이 되고, 비금속 원소는 전자를 얻어 음이온이 되면서 비활성 기체와 같은 안정한 전자 배치를 하게 되지요. 이때 생성된 양이온과 음이온은 서로 반대 전하를 띤 입자이므로 끌어당기는 힘이 작용하여 결합을 형성하는 것이에요. 이처럼 금속 양이온과 비금속 음이온 사이에서 정전기적 인력에 의해 형성되는 화학 결합을 이온 결합이라고 해요. 정전기적 인력이란 서로 반대 전하를 띠는 입자가 서로 끌어당기는 힘이에요.

이온 결합을 형성할 때 금속 원소의 원자에서 비금속 원소의 원자로 전자가 이동하게 되고, 금속 원자가 잃은 전자 수와 비금속 원자가 얻은 전자 수가 같도록 결합을 형성하게 되지요.

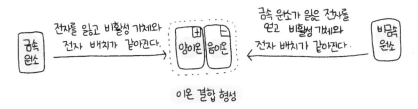

예를 들어, 금속 원소인 나트륨(Na)과 비금속 원소인 염소(Cl)가 결합하여 염화 나트륨이 형성되는 과정을 살펴볼까요?

나트륨은 원자가 전자가 1개인 금속 원소로, 전자 1개를 잃으면서 안정한 전자 배치를 이루고 양이온인 나트륨 이온($Na^+$)이 돼요. 염소는

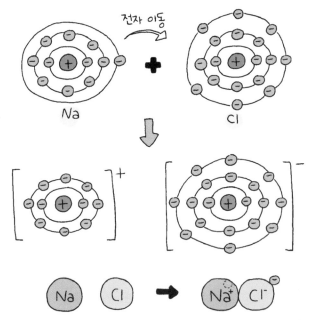

▲ 나트륨 이온($Na^+$)과 염화 이온($Cl^-$)이 정전기적 인력으로 이온 결합하여 염화 나트륨(NaCl)이 된다.

원자가 전자가 7개인 비금속 원소로, 전자 1개를 얻으면서 안정한 전자 배치를 이루고 음이온인 염화 이온($Cl^-$)이 되지요. 이때 나트륨에서 염소로 전자가 이동하는 것이에요. 이렇게 형성된 나트륨 이온($Na^+$)과 염화 이온($Cl^-$)은 서로 반대 전하를 띠므로 서로 끌어당기는 인력이 작용해요. 두 이온이 이온 결합을 하여 염화 나트륨($NaCl$)을 형성하는 거예요.

## 공유 결합

그러면 비금속 원소끼리는 어떻게 결합할까요? 비금속 원소는 화학 결합을 할 때 이온 결합과 다른 방식으로 해요. 왜냐하면 비금속 원소끼리는 서로 전자를 얻으려고만 하다 보니 이온 결합을 형성하기가 어려운 것이에요.

요즘에는 자신이 소유한 것을 다른 사람과 공유하면서 새로운 가치를 얻는 경우가 많아요. 차를 같이 타거나 집을 함께 쓰는 것 등이지요. 이처럼 비금속 원소들은 서로 전자를 내놓고 함께 가지면서 안정해진답니다. 비금속 원소와 비금속 원소가 결합할 때 서로 전자를 공유하면서 화학 결합을 형성하는 것을 공유 결합이라고 해요.

비금속 원소인 수소 원자가 다른 수소 원자와 결합하여 수소 분자를 형성하는 과정을 예로 들어 볼까요?

수소는 원자가 전자가 1개라서 가장 바깥 전자 껍질에 전자 1개만 더 있으면 안정한 전자 배치가 돼요. 이때 수소 원자 2개가 수소 분자를 만들기 위해서 각 수소 원자는 전자 하나씩을 내놓아서 전자쌍을 만들고, 이 전자쌍을 공유하여 결합하면 두 원자 모두 안정한 전자 배치를 하게 돼요.

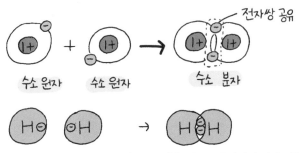

▲ 각각의 수소 원자는 전자쌍(전자 2개)을 서로 공유하면서 전자 껍질에 전자가 모두 채워지면서 안정해진다.

이번에는 공유 결합에 의해 물 분자가 형성되는 과정을 살펴볼까요? 물은 비금속 원소인 산소와 수소로 이루어져 있어요. 산소는 원자가 전자가 6개라서 가장 바깥 전자 껍질에 전자 2개만 더 있으면 안정한 전자 배치가 되고, 수소는 가장 바깥 전자 껍질에 전자 1개만 더 있으면 안정한 전자 배치가 된답니다. 이때 산소 원자 1개는 수소 원자 2개와 각각 1개의 전자쌍을 공유하면서 결합해요. 세 원자 모두 안정한 전자 배치를 이루게 되는 것이에요.

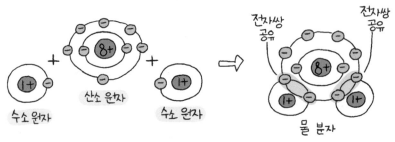

▲ 수소 원자 2개와 산소 원자 1개가 공유 결합을 하여 안정한 물 분자가 형성된다.

비금속 원소의 원자끼리 공유 결합을 할 때, 전자쌍을 공유하여
18족 원소와 같은 안정한 전자 배치를 이루려고 해요.

비금속 원소 사이에 공유 결합이 형성될 때 전자쌍을 1개 공유하기도 하지만, 2개, 3개의 전자쌍을 공유하면서 공유 결합이 형성되기도 해요. 원자가 전자가 6인 산소 원자 2개가 만나서 산소 분자($O_2$)를 형성하는 경우는 2개의 전자쌍을 공유해요.

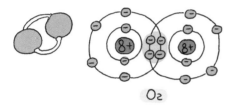

$O_2$

산소 원자 2개는 2개의 전자쌍을
공유하여 안정한 산소 분자가 돼요.

또한, 원자가 전자가 5개인 질소 원자 2개가 만나서 질소 분자($N_2$)를 형성하는 경우는 3개의 전자쌍을 공유해요.

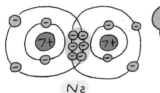

$N_2$

질소 원자 2개는 3개의 전자쌍을
공유하여 안정한 질소 분자가 돼요.

### 내신 필수 체크

1 (  )은 금속 (  )과 비금속 (  ) 사이에서 정전기적 인력에 의해 형성되는 화학 결합이다.

2 공유 결합은 (  ) 원소 사이에 원자들이 (  )을 공유하면서 이루어지는 화학 결합이다.

🔲 1. 이온 결합, 양이온, 음이온  2. 비금속, 전자쌍

## 화학 결합과 물질의 성질

   요리할 때 많이 사용하는 물질 중 소금과 설탕이 있지요? 이 둘은 비슷하면서도 많이 달라요. 예를 들면, 둘 다 하얀색의 고체이지만 맛을 보면 소금은 짜고 설탕은 단맛이 나요. 소금과 설탕은 이러한 차이만 있는 것이 아니에요. 물에 넣어 소금물과 설탕물을 만들어보면 겉보기에는 투명하여 구별이 어렵지만 전기를 통해보면 소금물은 전기가 통하고 설탕물은 전기가 통하지 않아요.

염화 이온( Cl⁻ )
나트륨 이온 (Na⁺)
물에 녹인다
고체 염화 나트륨
염화 나트륨 수용액
전원 장치 연결
(-)극  (+)극
염화 나트륨 수용액

   (+)전하를 띤 양이온과 (-)전하를 띤 음이온이 결합한 이온 결합 물질은 고체일 때는 전류가 흐르지않지만 수용액에서는 이온으로 분리되므로 전류가 흘러요.

설탕 분자
물에 녹인다
고체 설탕
설탕 수용액
전원 장치 연결
(-)극  (+)극
설탕 수용액

▲ 설탕은 고체일 때도 전류가 흐르지 않고, 수용액에서도 이온으로 분리되지 않으므로 전류가 흐르지 않는다.

소금은 금속 나트륨과 비금속인 염소가 나트륨 이온과 염화 이온이 되면서 이온 결합으로 형성된 화합물이고, 설탕은 비금속 원소인 탄소, 산소, 수소가 공유 결합을 하여 형성된 화합물이에요. 소금은 물에 녹으면 이온이 생성되어 소금물에 전원을 연결하면 전류가 흐르고, 설탕은 물에 녹아도 이온이 생성되지 않아서 설탕물은 전류가 흐르지 않는 것이에요.

이온 결합 물질과 공유 결합 물질의 성질을 좀 더 자세히 살펴볼까요?

**이온 결합 물질**은 양이온과 음이온으로 이루어져 있지만, (+)전하의 전체 양과 (−)전하의 전체 양이 같아지도록 양이온과 음이온이 결합하기 때문에 화합물 전체로 보면 전기를 띠지 않아요. 그리고 양이온과 음이온 사이의 정전기적 인력이 강하므로 비교적 단단하고, 녹는점이 높아 실온에서 고체 상태로 존재해요. 이온 결합 물질은 고체 상태일 때는 양이온과 음이온이 강하게 결합하고 있어서 전류가 흐르지 않지만, 녹여서 액체로 만들거나 수용액 상태에서는 양이온과 음이온이 분리되어 이동할 수 있으므로 전기를 통해주면 전류가 흘러요.

이온 결합 물질의
액체 상태 (예, 소금)

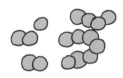

공유 결합 물질의
액체 상태 (예, 설탕)

이온 결합 물질은 고체에서는 이온이 이동할 수 없으나 액체와 수용액에서는 이온이 이동할 수 있어요.

**공유 결합 물질**은 고체일 때나 액체 상태일 때 분자로 이루어져 있고 이온을 생성하지 않아 전기를 통해 주어도 모두 전류가 흐르지 않아요. 설탕이나 포도당과 같이 물에 녹아 이온으로 나누어지지 않는 물질은 수용액에서도 전류가 흐르지 않아요.

　　공유 결합 물질은 녹는점과 끓는점이 비교적 낮아 실온에서 주로 기체나 액체 상태로 존재하며, 고체 상태의 물질은 기체 상태로 승화하는 경우가 많아요.

　　물질은 어떤 화학 결합으로 형성되었는지에 따라 실온에서 물질의 상태와 전기 전도성, 녹는점, 끓는점 등의 성질이 다르게 나타나요.

　　18족 비활성 기체처럼 원자 상태로 안정한 원소들만 있었다면 이 세상에 존재하는 물질의 종류는 원소의 종류만큼만 있을 거예요. 그런데 실제로는 많은 원소가 18족 원소와 달리 가장 바깥쪽의 전자 껍질에 전자가 모두 채워져 있지 않아 안정하지 못해, 원자들이 이온 결합이나 공유 결합과 같은 화학 결합을 하여 안정된 전자 배치를 이루면서 많은 화합물을 만드는 것이지요. 이렇게 만들어진 다양한 물질이 지구와 생명체를 이루고 있는 것이에요.

### 내신 필수 체크

다음은 우리 주위의 몇 가지 물질을 나타낸 것이다.

> ㄱ. 물　　ㄴ. 산소　　ㄷ. 설탕　　ㄹ. 염화 나트륨　　ㅁ. 염화 칼슘

**1** 공유 결합으로 형성된 물질을 모두 골라 쓰시오.

**2** 전원을 연결했을 때 고체 상태에서는 전류가 흐르지 않고 액체 상태에서는 전류가 흐르는 물질을 모두 골라 쓰시오.

답 1. ㄱ, ㄴ, ㄷ 2. ㄹ, ㅁ

미리보는 **탐구 STAGRAM**

## 설탕과 소금의 성질 비교

① 각설탕과 소금 적당량을 페트리 접시에 각각 담고, 간이 전기 전도계를 꽂아 전류가 흐르는지 관찰한다.

② 각설탕과 소금을 증류수가 들어 있는 비커에 넣어 녹인 후 간이 전기 전도계를 이용하여 전류가 흐르는지 관찰한다.

각설탕 　　소금 　　설탕물 　　소금물

 간이 전기 전도계로 전류가 흐르는지 어떻게 알 수 있나요?

 전류가 흐르면 소리가 나고, 다이오드에 불빛이 들어와요.

 고체 소금에는 불빛이 들어오지 않지만 소금물에는 불빛이 들어오는 이유는 무엇인가요?

 소금은 이온 결합 물질로 고체 상태일 때는 양이온과 음이온이 강하게 결합하고 있어 이동하지 못하여 전류가 흐르지 못해요. 하지만 소금이 물에 녹으면 양이온과 음이온으로 나누어져 자유롭게 이동할 수 있어 전류가 흐르기 때문이에요.

 설탕과 설탕물에 모두 불빛이 들어오지 않는 이유는 무엇인가요?

 설탕은 공유 결합 물질이며 물에 녹아도 이온으로 나누어지지 않아 전류가 흐르지 않기 때문이에요.

 새로운 댓글을 작성해 주세요. 　　등록

**이것만은!** • 이온 결합 물질은 고체일 때는 전류가 흐르지 않지만 물에 녹으면 전류가 흐른다.
• 물에 녹아 이온으로 나누어지지 않는 공유 결합 물질은 수용액이 전류가 흐르지 않는다.

# Ⅱ

# 자연의
# 구성 물질

# 05 지각과 생명체 구성 물질의 결합 규칙성

우리는 모일 때마다 새롭게 변신해!

과자를 먹을 때 영양 성분 표시를 본 적이 있나요? 요즘은 음식을 짜게 먹는 습관은 좋지 않다고 해서 칼로리나 트랜스지방, 나트륨 등을 살펴보는 사람들이 많아요. 과자는 종류마다 그 과자를 구성하는 영양 성분이 조금씩 달라요. 마찬가지로 지구를 이루는

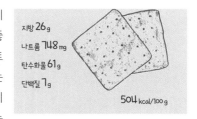

대기, 해양, 지각을 구성하는 성분들도 각각 달라요. 우리가 생활하는 지구의 표면인 지각과 우리 몸은 무엇으로 구성되어 있을까요?

## 지각과 생명체를 구성하는 원소

빅뱅과 함께 우주가 탄생하면서 많은 원소들이 생겨났어요. 그리고 별이 진화되는 과정에서 다양한 원소가 새로 만들어졌어요. 또, 여러 가지 원소는 화학 결합을 통해서 다양한 물질을 만들고 그 과정에서 지구가 생겨났어요. 그리고 원시 지구의 원시 바다에서 무기물로부터 유기물이 형성되면서 생명체가 탄생하게 되었어요. 사실 지구 전체에서 가장 많은 원소는 철(Fe)이에요. 하지만 우리가 발을 디디고 사는 지구의 겉부분인 지각은 조금 달라요. 지각과 지구에서 살아가는 생명체들은 구체적으로 어떤 원소들로 구성되어 있을까요?

그림과 같이 지각과 생명체에는 공통으로 **산소**가 가장 많아요. 하지만, 두 번째로 많은 원소는 서로 달라요. 지각에는 **규소**가, 생명체에는 **탄소**가 많이 있어요. 그런데 이러한 원소들은 지각과 생명체에서 각각 독립적인 상태로 존재하는 것이 아니라 서로 결합해서 안정한 화합물을 형성하고 있어요.

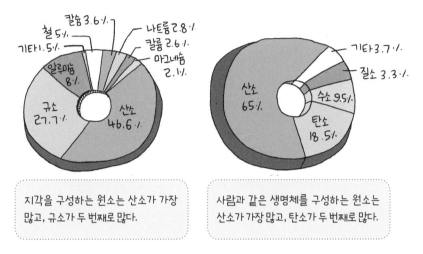

지각을 구성하는 원소는 산소가 가장 많고, 규소가 두 번째로 많다.

사람과 같은 생명체를 구성하는 원소는 산소가 가장 많고, 탄소가 두 번째로 많다.

규소와 탄소는 모두 주기율표의 14족 원소라서 결합을 매우 잘해요. 가장 바깥 전자 껍질에 전자가 4개라서 4개의 공유 결합을 이룰 수 있어 다양한 원소와 결합이 가능한 것이에요. 즉, 다른 원소와 결합할 수 있는 팔이 4개나 있다고 볼 수 있어요. 지각에서는 규소를 중심으로 산

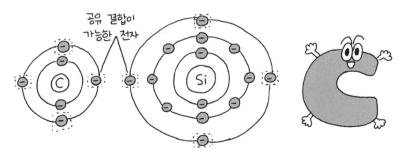

▲ 탄소와 규소의 원자가 전자는 4개이므로, 4개의 공유 결합이 가능하다.

소와 금속 원소들이 결합하여 다양한 광물이 만들어졌고, 생명체에서는 탄소를 중심으로 산소와 수소, 질소가 결합하면서 다양한 물질을 만들어낸답니다.

## 지각을 구성하는 규소 화합물의 규칙성

지각은 암석으로 이루어져 있고, 암석은 다시 광물로 이루어져 있어요. 이러한 광물은 원소들의 결합에 의해서 만들어지는데, 광물을 이루는 대부분의 원소는 지각에 가장 많이 포함된 산소와 규소예요.

암석을 이루는 주된 광물을 조암 광물이라고 하는데, 대표적인 조암 광물에는 장석, 석영, 휘석, 감람석, 각섬석, 운모 등이 있어요. 이들은 모두 산소와 규소가 결합하여 만들어진 광물로 **규산염 광물**이라고 해요.

규산염 광물에는 기본 구조가 있어요. 기본 구조는 그림과 같이 4개의 산소(O) 원자로 된 사면체 중심에 규소(Si) 원자 1개가 결합하고 있으면서 정사면체 모양을 이루고 있어요. 그래서 이 기본 구조를 **규산염 사면체**라고 불러요. 규산염 사면체

▲ 규산염 사면체 모형

는 전체 전하가 −4예요. 따라서 표시할 때는 음이온인 $(SiO_4)^{4-}$로 표시해요. 이렇게 음이온이다 보니 규산염 사면체는 양전하를 띠는 금속 이온과 이온 결합하거나 다른 규산염 사면체와 공유 결합하면서 다양한 규산염 광물로 만들어지는 것이에요.

규산염 사면체를 이루는 규소는 이온일 때, 4+의 양전하이고, 산소는 이온일 때, 2−의 음전하는 가져요. 따라서 $Si^{4+}$ 1개와 $O^{2-}$ 4개가 결합한 규산염 사면체는 4−의 음전하를 띠게 되므로 $(SiO_4)^{4-}$의 음이온이 되는 거예요.

즉, 규산염 사면체로 지각에 존재하는 다양한 광물을 만들 수 있는 거예요. 가장 기본적으로 규산염 사면체 하나가 독립적으로 철이나 마그네슘과 같은 양이온과 결합하여 광물이 만들어질 수 있는데, 이와 같은 구조를 **독립형 구조**라고 해요. 독립형 구조의 대표적인 광물은 **감람석**이에요.

다음으로는 규산염 사면체들끼리 산소를 공유하면서 단일 사슬 모양으로 길게 결합할 수 있어요. 이런 구조를 **단사슬 구조**라고 하고 대표적인 예로 **휘석**이 있어요. 또한, 사슬 2개가 이중 사슬 모양으로 길게 결합한 구조를 **복사슬 구조**라고 하는데 **각섬석**이 대표적이에요. 그리고 규산염 사면체가 얇은 판 모양으로 결합한 구조를 **판상 구조**라고 하며, 대표적인 광물로 **흑운모**가 있어요.

규산염 사면체는 직선이나 평면 구조뿐만 아니라 산소 4개를 공유하면서 입체적인 구조를 이루기도 하는데 이를 **망상 구조**라고 해요. **석영**과 **장석**이 망상 구조를 가진 대표적인 광물이에요. 따라서 석영과 장석은 규소 주변의 산소 4개가 모두 입체적으로 결합하고 있어서 안정한 형태를 지니므로 단단해요.

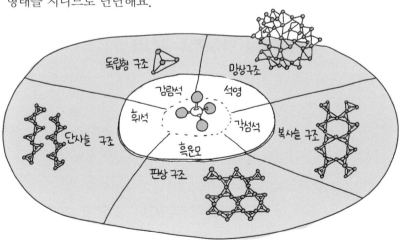

▲ 주요 규산염 광물의 결합 구조

주요 규산염 광물의 결합 구조는 광물의 특성에도 영향을 미쳐요. 판상 구조인 흑운모는 힘을 주면 얇게 쪼개지고, 망상 구조인 석영과 장석은 단단해요. 이처럼 지각을 이루는 주요 원소들은 몇 종류에 불과하지만 이 원소들이 다양한 결합을 하면서 성질이 다른 광물이 만들어지는 것이에요.

**내신 필수 체크**

1 지각과 생명체에 공통적으로 가장 많이 들어 있는 원소는?
2 주요 규산염 광물과 그 결합 구조를 옳게 연결하시오.

(1) 흑운모 ·             · ㉠ 망상 구조

(2) 석영 ·               · ㉡ 판상 구조

(3) 휘석 ·               · ㉢ 단사슬 구조

(4) 각섬석 ·             · ㉣ 복사슬 구조

(5) 감람석 ·             · ㉤ 독립형 구조

답 1. 산소 2. (1) ㉡ (2) ㉠ (3) ㉢ (4) ㉣ (5) ㉤

## 생명체를 구성하는 탄소 화합물의 규칙성

지각은 주로 규산염 화합물로 이루어져 있지만, 생명체는 주로 탄소 화합물로 이루어져 있어요. 생명체를 이루는 단백질, 핵산, 지질, 탄수화물과 같은 물질은 모두 탄소로 이루어진 기본 골격에 산소, 수소, 질소 등의 다른 원자가 결합하여 이루어진 **탄소 화합물**이에요.

다양한 탄소 화합물이 만들어지는 이유는 무엇일까요? 탄소도 규소처럼 원자 1개당 최대 4개의 다른 원자와 공유 결합을 할 수 있어서 다른 원자들과 다양한 방식으로 결합할 수 있기 때문이에요.

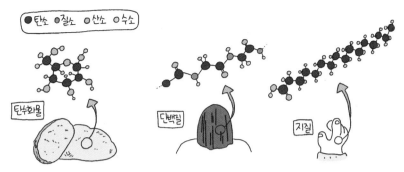

▲ 단백질, 탄수화물, 지질과 같은 생명체를 이루는 물질은 탄소가 중심이 되어 만들어진 탄소 화합물이다.

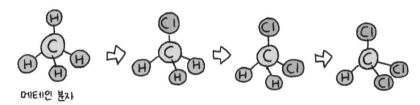

메테인 분자

▲ 탄소는 원자가 전자가 4개라서 원자 1개당 최대 4개의 공유 결합을 할 수 있어서 다양한 탄소 화합물이 만들어진다.

　또한, 탄소는 다른 탄소와도 잘 결합하므로 여러 개의 탄소 원자가 결합하여 사슬 모양, 가지 모양, 고리 모양 등 다양한 구조를 형성하여 탄소 화합물을 만들 수 있어요.

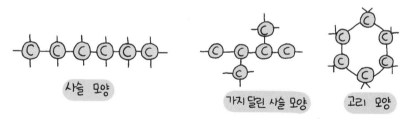

사슬 모양　　　가지 달린 사슬 모양　　　고리 모양

▲ 탄소는 다른 탄소와 결합하여 다양한 형태를 만들며, 이와 같은 결합을 계속 이어가는 성질이 있다.

탄소는 다른 탄소와 단일 결합만 하는 것이 아니라. 이중 결합, 삼중 결합을 형성하면서 다양한 탄소 화합물을 만들기도 해요.

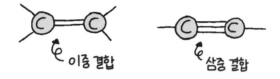

탄소의 다양하고 규칙적인 결합에 의해 생명체를 구성하는 탄수화물, 단백질, 핵산, 지질 등의 복잡한 유기물을 형성할 수 있으므로 탄소는 생명체에서 중요한 역할을 하는 것이에요.

> **탄소 화합물의 특징**
> 탄소 원자는 다른 탄소 원자와 규칙적으로 결합하여 사슬 모양, 가지 모양, 고리 모양의 다양한 탄소 골격을 형성해요. 여기에 수소, 질소, 산소 등의 다른 원자가 결합하면서 더 다양한 탄소 화합물이 만들어져요.

**내신 필수 체크**

1  탄소 화합물에 해당하는 것을 | 보기 |에서 모두 고르시오.

| 보기 |
  ㄱ. 단백질        ㄴ. 탄수화물        ㄷ. 지질        ㄹ. 물

2  탄소 화합물에 대한 설명으로 옳은 것은 O표, 틀린 것은 X표 하시오.
  (1) 탄소 원자 1개당 최대 3개의 공유 결합이 가능하다. (    )
  (2) 탄소와 탄소끼리는 이중 결합만 가능하다. (    )
  (3) 탄소 원자 사이의 결합은 계속해서 이어질 수 있다. (    )

답 1. ㄱ, ㄴ, ㄷ  2. (1) X (2) X (3) O

## 미리보는 탐구 서·논술

▣ 그림은 인체와 지각의 구성 성분을 나타낸 것이다.

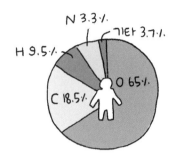

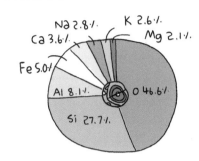

**1** 인체와 지각에서 가장 많은 비율을 차지하는 원소는 무엇인가?

**2** 인체와 지각에서 두 번째로 많은 비율을 차지하는 원소는 각각 무엇인가?

**3** 인체와 지각에서 두 번째로 많은 비율을 차지하는 원소의 공통점을 다음의 내용과 관련지어 서술하시오.

> 인체를 이루는 물질은 탄소 화합물로 이루어져 있고, 지각을 이루는 물질은 규산염 화합물로 이루어져 있다.

---

✎ **예시답안**

**1** 인체와 지각 모두에서 가장 많은 비율을 차지하는 원소는 산소이다.

**2** 인체에서 두 번째로 많은 비율을 차지하는 원소는 탄소이고, 지각에서 두 번째로 많은 비율을 차지하는 원소는 규소이다.

**3** 탄소와 규소는 모두 주기율표에서 14족에 해당하는 원소이고, 원자가 전자가 4개이다. 따라서 4개의 공유 결합이 가능하므로 4개의 다른 원소와 결합할 수 있다. 인체는 탄소로 이루어진 골격에 산소, 수소, 질소 등의 다른 원자가 결합한 다양한 탄소 화합물로 구성되어 있고, 지각은 규소를 중심으로 산소가 결합한 규산염 사면체끼리 공유 결합을 통해서 만들어진 규산염 화합물로 되어 있다.

# 생명체의 주요 구성 물질의 형성

작은 블록이 모여 멋진 집이 완성되네!

비즈공예는 몇 가지 모양의 구슬을 어떤 순서로 어떻게 꿰느냐에 따라 다양한 목걸이나 팔찌를 만들 수 있어요. 생명체를 구성하는 주요 물질도 다양한 방법으로 연결하여 만들어낼 수 있어요. 생명체를 구성하는 주요 물질이 어떻게 만들어지는지 알아볼까요?

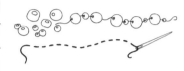

## 생명체의 구성 물질

생명체는 탄수화물, 단백질, 지질, 핵산, 물, 무기 염류 등으로 구성되어 있어요. 이 중에서 사람의 몸에 가장 많은 것은 물이에요. 물을 제외한 나머지 성분 중에는 가장 많은 것은 단백질이에

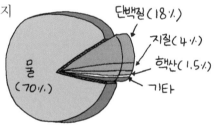

▲ 사람의 몸을 구성하는 물질의 구성비

요. 탄수화물, 단백질, 지질, 핵산은 모두 탄소가 중심이 되어 만들어진 크고 복잡한 탄소 화합물이에요. 이 물질들은 생명체를 구성하면서 생명 현상을 유지하는 데 관여하고 있어요. 특히, 단백질은 세포를 구성하는 주요 성분이면서 근육, 항체, 호르몬의 구성 물질이고, 핵산은 세포에서 유전 정보를 저장하고 전달하며 단백질을 합성하는 과정에 관여하는 주요 물질이에요.

단백질과 핵산은 단위체가 반복적으로 결합하여 형성된다는 비슷한 특징을 가지고 있어요. **단위체란 탄소 화합물에서 반복적으로 이용되는 기본 단위 역할을 하는 분자에요.** 즉, 단백질과 핵산은 기본적인 단위체가 어떻게 조합되느냐에 따라 다양한 종류를 만들어낸다는 뜻이에요.

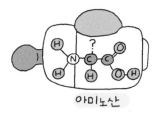

## 단위체로 구성된 단백질

단백질을 만드는 단위체는 아미노산이에요. 아미노산은 탄소를 중심으로 산소, 질소, 수소가 결합한 구조를 공통으로 가져요. 여기에 어떤 물질이 결합하는지에 따라서 아미노산의 종류가 달라지는데, 대략 20종류의 아미노산이 만들어져요.

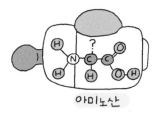

? 부분에 연결된 물질에 따라 아미노산의 종류는 달라져요.

아미노산

▲ 아미노산의 기본 구조 모형

20종류의 **아미노산**은 다양하게 배열되어 연결되면서 많은 종류의 단백질을 만들어요. 예를 들어, 아미노산의 종류가 ▲, ●, ★이 있다고 할 때, 결합하는 순서가 ▲-●-★인지 ★-●-▲인지, ★-▲-●인지에 따라 각기 다른 단백질이 되는 거예요.

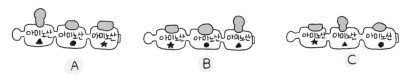

아미노산 ▲ 아미노산 ● 아미노산 ★    아미노산 ★ 아미노산 ● 아미노산 ▲    아미노산 ★ 아미노산 ▲ 아미노산 ●
A                          B                          C

▲ 특정한 순서에 따라 아미노산들이 각각 길게 연결되면서 단백질을 만든다. 이때 연결 순서가 달라지면 단백질의 종류가 달라진다.

20개나 되는 아미노산은 연결 방법에 따라 여러 종류의 단백질을 만들 수 있으므로 단백질은 11500여 종이나 된답니다. 그러면 단백질을 만들기 위해 아미노산은 어떻게 결합을 할까요?

그림과 같이 두 개의 아미노산은 연결될 때 물 분자 1개가 빠져나오면서 결합을 해요. 이러한 결합을 펩타이드 결합이라고 해요. 많은 아미노산은 펩타이드 결합으로 길게 연결되면서 사슬 모양의 폴리펩타이드가 만들어지고, 이 폴리펩타이드 사슬이 구부러지고 접히고 꼬이면서 독특한 입체 구조의 단백질이 되는 거예요.

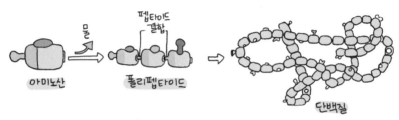

▲ 아미노산에서 단백질의 생성

많은 아미노산이 펩타이드 결합으로 연결되어 폴리펩타이드 사슬을 만들고, 이 사슬이 꼬이고 접히면서 고유의 입체 구조와 기능을 가진 단백질이 되는 거예요.

아미노산이 결합한 순서나 종류가 달라지면 단백질의 형태가 달라지고, 이로 인해 단백질의 기능과 종류가 결정돼요.

예를 들어, 사람의 혈액과 피부 속을 구성하는 단백질을 비교해 볼까요? 혈액의 적혈구를 구성하는 헤모글로빈은 붉은색 단백질로 혈액을 붉게 보이게 하며 산소를 운반하는 기능을 가져요. 반면, 피부 속의 콜라겐은 피부를 촉촉하고 탱탱하게 해주는 단백질이에요. 이렇게 두 단백질의 모양과 기능이 다른 까닭은 각 단백질을 구성하는 아미노산의

적혈구 속 헤모글로빈

○ , ○ , ○ , ● 은 서로 다른 아미노산이에요.

적혈구

혈액

피부

피부 속 콜라젠

단백질인 헤모글로빈과 콜라젠을 구성하는 아미노산의 종류와 개수 및 배열이 서로 다르므로 구조와 기능이 달라요.

▲ 적혈구 속 단백질인 헤모글로빈과 피부 속 단백질 콜라젠

종류와 순서가 다르기 때문이죠. 그림에서 두 단백질을 구성하는 아미노산의 종류와 순서의 일부를 비교해보면, 서로 다른 것을 볼 수 있어요. 이러한 차이가 헤모글로빈과 콜라젠이라는 단백질의 구조와 기능을 다르게 하는 것이에요. 결국, 단백질의 구조와 기능은 단위체인 아미노산의 종류와 수가 어떤 조합으로 배열되느냐에 따라 결정된다고 할 수 있어요.

내신 필수 체크

1 단백질의 단위체는 무엇인가?

2 단백질을 구성하는 단위체 두 개가 만나서 (        )이 빠져나오면서 결합하는 것을 (        ) 결합이라고 한다.

답 1. 아미노산  2. 물, 펩타이드

## 단위체로 구성된 핵산

사람의 세포 속에는 유전 정보를 가진 **핵산**이라는 물질이 있어요. 핵산에는 두 종류가 있는데, 세포에서 유전 정보를 저장하는 DNA와 유전 정보를 전달하고 단백질의 합성에도 관여하는 RNA가 있어요.

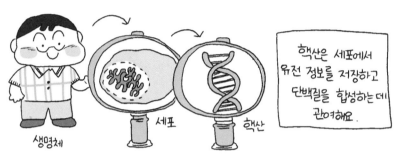

핵산은 세포에서 유전 정보를 저장하고 단백질을 합성하는 데 관여해요.

▲ 세포 속에 있는 핵산

이러한 핵산도 단백질처럼 기본적인 단위체의 조합으로 만들어져요. 핵산의 단위체는 바로 **뉴클레오타이드**예요. 뉴클레오타이드는 그림과 같이 인산, 당, 염기가 1:1:1로 각각 하나씩 결합한 형태이며, 핵산을 구성하는 기본 재료라고 할 수 있어요. 뉴클레오타이드라는 구슬이 하나씩 연결되어 핵산이라는 목걸이가 만들어지는 셈이에요.

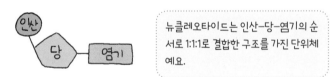

뉴클레오타이드는 인산-당-염기의 순서로 1:1:1로 결합한 구조를 가진 단위체예요.

DNA와 RNA를 이루는 뉴클레오타이드의 인산과 당은 각각 같지만 염기는 달라요. 즉, DNA가 가진 염기는 아데닌(A), 구아닌(G), 사이토신(C), 타이민(T)이고, RNA가 가진 염기는 아데닌(A), 구아닌(G), 사이토신(C), 유라실(U)이에요. DNA의 타이민 대신 유라실이 포함되는 것이에요. 이렇게 염기의 종류가 다르다 보니, 뉴클레오타이드를 구성하는 염기가 어떤 것이냐에 따라서 뉴클레오타이드의 종류가 달라져요.

예를 들어, 인산과 당에 아데닌(A) 염기가 연결된 뉴클레오타이드와 인산과 당에 구아닌(G) 염기가 연결된 뉴클레오타이드는 서로 다른 뉴클레오타이드예요. 그리고 하나의 뉴클레오타이드의 당에 다른 뉴클레오타이드의 인산이 규칙적으로 결합하면서 이 결합이 반복되어 긴 가닥의 사슬 모양을 형성하는데, 이것을 폴리뉴클레오타이드라고 해요. DNA와 RNA는 폴리뉴클레오타이드로 이루어진 핵산이라고 할 수 있어요.

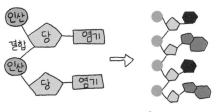

폴리뉴클레오타이드는 뉴클레오타이드로 이루어져 있고, 뉴클레오타이드는 인산, 당, 염기로 이루어져 있어요.

▲ 긴 사슬 모양의 폴리뉴클레오타이드 형성

여기서 잠깐!
• 당은 포도당과 비슷한 물질로 종류가 많은데, DNA의 당은 디옥시리보스, RNA의 당은 리보스라는 물질이에요.
• 인산은 인(P)에 산소가 결합하고 있는 물질이에요.

DNA는 아데닌(A), 구아닌(G), 사이토신(C), 타이민(T) 염기를 지닌 뉴클레오타이드가 길게 연결된 두 가닥이 마주 보며 꼬인 이중 나선 구조를 하고 있어요. 반면에 RNA는 아데닌(A), 구아닌(G), 사이토신(C), 유라실(U) 염기를 지닌 뉴클레오타이드가 길게 연결된 한 가닥으로 되어 있어요.

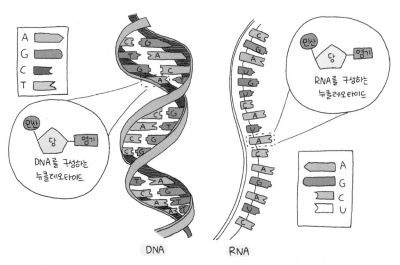

▲ DNA와 RNA

| 핵산 | DNA | RNA |
|------|-----|-----|
| 염기 | A, G, C, T | A, G, C, U |
| 구조 | 이중 나선 | 단일 가닥 |
| 당 | 디옥시리보스 | 리보스 |

이때 DNA의 이중 나선 구조를 자세히 보면, 나선의 바깥쪽은 당과 인산으로 이루어진 골격을 이루고 있고, 나선의 안쪽은 두 개의 가닥에서 나온 각각의 염기가 서로 마주 보며 결합하고 있어요.

DNA의 이중 나선 구조에서 각 가닥의 염기들이 마주 보며 결합할 때 하나의 규칙이 있는데, 아데닌(A)은 항상 타이민(T)과 결합하고, 사이토신(C)은 구아닌(G)과만 결합한답니다. 즉, 서로 짝이 되는 염기가 정해져 있어요.

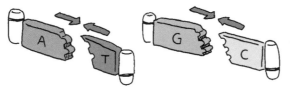

▲ 서로 짝이 되는 염기(A-T, G-C)를 지닌 뉴클레오타이드끼리 결합한다.

DNA의 이중 나선에서 항상 정해진 염기끼리 결합하는 것을 상보 결합이라고 해요. 즉, 아데닌(A)는 항상 타이민(T)하고, 구아닌(G)는 항상 사이토신(C)하고만 상보 결합해요.

4종류의 뉴클레오타이드가 결합하는 개수와 순서에 따라 다양한 핵산이 만들어져요. 특히, DNA에서 4종류의 뉴클레오타이드가 배열된 순서는 바로 생명체의 유전 정보가 되어 그 생물 고유의 특성을 나타낸답니다. 생물마다 서로 다른 형질이 나타나는 것은 DNA의 염기 서열이 달라지면서 서로 다른 유전 정보를 저장하기 때문이에요.

단위체인 아미노산과 뉴클레오타이드의 다양한 조합으로 단백질과 핵산이 형성되면서 생명체 구성 물질을 만들어 내고, 이러한 물질은 생명체에서 다양한 기능을 수행하는 것이에요.

### 내신 필수 체크

1 유전 정보를 저장하는 핵산은 무엇인가?
2 유전 정보를 전달하고, 단백질 합성에 관여하는 핵산을 쓰시오.
3 DNA를 구성하는 단위체는 무엇인가?

答 1. DNA 2. RNA 3. 뉴클레오타이드

■ 그림은 DNA의 이중 나선 구조를 나타낸 모형이다.

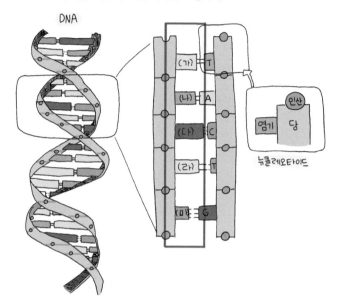

DNA

뉴클레오타이드

**1** DNA를 구성하는 뉴클레오타이드는 RNA를 구성하는 뉴클레오타이드와 어떤 차이가 있는지, 뉴클레오타이드의 기본 구조인 인산, 당, 염기를 이용하여 설명해 보자.

**2** 그림에서 (가)~(마)에 들어갈 염기의 종류를 약자로 쓰고, 이와 같은 염기 서열을 가지는 이유를 설명해 보자.

🖊 **예시답안**

**1** DNA를 이루는 뉴클레오타이드의 당은 디옥시리보스이지만, RNA를 이루는 뉴클레오타이드의 당은 리보스이다. 또한, DNA를 이루는 뉴클레오타이드의 염기는 아데닌(A), 구아닌(G), 사이토신(C), 타이민(T)이지만, RNA는 아데닌(A), 구아닌(G), 사이토신(C)에 타이민(T) 대신 유라실(U)을 갖는다.

**2** (가) A (나) T (다) G (라) A (마) C의 염기를 갖는다. 그 이유는 A 염기를 지닌 뉴클레오타이드는 T 염기를 지닌 뉴클레오타이드와 결합하고, G 염기를 지닌 뉴클레오타이드는 C 염기를 지닌 뉴클레오타이드와 결합하기 때문이다.

# 신소재의 개발과 활용

이런 물질은 처음 봐!

비닐은 가볍고 질겨 물건을 포장하거나 담는 데 많이 사용되고 있지만 자연에서 분해가 되지 않아 환경 오염 문제가 심각해 요. 그래서 요즘은 비닐 대신 장바구니 사용을 권장하고 있어 요. 그러면 가볍고 질기면서도 자연에서 잘 분해되는 물질은 없을까요?

## 신소재

과학 기술이 발전함에 따라 인류는 끊임없이 새로운 재료를 개발하여 실생활에 이용해왔어요. 석기를 사용하던 인류가 청동기, 철기를 거쳐 안이 보이는 유리, 가벼운 플라스틱을 사용하게 되었지요. 또, 자연에 서 분해되지 않는 비닐의 단점을 보완하여 미생물에 의해 분해되는 비 닐도 개발했어요. 이렇게 기존 소재의 단점을 보완하고 특수한 기능과 새로운 성질을 갖도록 만든 물질을 **신소재**라고 해요. 컴퓨터, 휴대 전화 등은 과학 기술의 발달로 만들어진 제품들로서 신소재의 개발에 따라

▲ 미생물에 의해 자연에서 분해되는 바이오 플라스틱

▲ 구부러지는 안경테

07. 신소재의 개발과 활용　**75**

성능이 점점 향상되고 있어요.

신소재는 기존 물질의 화학 결합 구조를 변형시키거나 녹는점, 강도, 전기 전도성이나 자성 등 물리적 성질을 변화시켜서 만들어요. 특히 최근에는 물질의 전자기적 성질을 변화시키거나 자연을 모방하여 만든 신소재들이 많이 개발되고 있어요.

## 자기적 성질을 이용한 신소재

반도체라는 말을 많이 들어봤지요? 도체는 철이나 구리, 금과 같이 전기 저항이 작아 전류가 잘 흐르는 물질로 보통 금속이 이에 해당해요. 반면에 고무, 유리, 플라스틱과 같이 전기 저항이 커서 전류가 거의 흐르지 못하는 물질은 절연체라고 해요. 그런데 규소(Si)나 저마늄(Ge)과 같은 물질은 온도가 매우 낮을 때는 전류가 흐르지 않다가 온도가 높아질수록 전기 저항이 작아져 전류가 흐르게 돼요. 이렇게 온도에 따라 전기 저항이 변하는 물질을 반도체라고 해요.

휴대 전화나 컴퓨터 등의 전자 제품에는 집적 회로라는 핵심 부품이 사용되고 이 집적 회로에는 반도체로 만든 트랜지스터라는 것이 있어요. 트랜지스터는 정보를 기록하거나 읽는 역할을 하는 것으로, 신호가 0과 1로 구성된 디지털 회로 제작에 이용되는 거예요. 이때 반도체로 규소가 이용되는데, 전기 전도도를 높이기 위해 순수한 규소에 알루미늄(Al), 인듐(In), 인(P), 붕소(B), 비소(As) 등을 불순물로 첨가해요.

1960년대에는 하나의 칩에 수백 개의 트랜지스터가 들어갔지만 최근에는 하나의 칩에 수백억 개의 트랜지스터가 들어가 전자 제품이나 부품이 작고 가벼워졌어요. 반도체는 휴대 전화나 컴퓨터뿐 아니라 정보, 통신, 항공, 우주 산업 등 거의 모든 전자 제품에 꼭 필요한 소재예요.

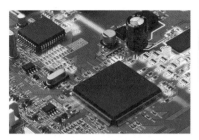

반도체는 조건에 따라
전기 전도성이 급격히 변하는 물질로
거의 모든 전자 제품에
꼭 필요한 소재예요.

▲ 반도체가 사용된 전자 회로 기판

한편, 1911년 네덜란드의 오너스(Onnes, H. K., 1853~1926)는 여러 가지 금속의 온도를 낮추면서 전기 저항의 변화를 측정하던 중 온도 약 4 K(−269 ℃)에서 수은의 전기 저항이 0이 되는 현상을 발견했어요. 어떤 온도 이하에서 물질의 전기 저항이 0이 되는 현상을 **초전도 현상**이라고 하며, 초전도 현상이 나타나는 물질을 **초전도체**라고 해요. 전기 저항이 사라지면 전류가 흐르더라도 열이 발생하지 않아 전력 손실이 없고, 센 전류가 흐르면서 아주 강한 자기장을 만들 수 있어요.

자기 부상 열차를 들어봤나요? 자기 부상 열차는 상당한 기술력이 필요하기에 일부 국가에서만 상용화되고 있는데 그 원리는 초전도체와 관련이 있어요. 초전도체는 외부 자기장을 밀어내는 성질이 있어서 초전도체 위에 자석을 놓으면 자석이 초전도체 위에 떠 있는 현상을 볼 수 있어요. 이것을 마이스너 효과라고 해요. 이런 현상을 이용해 레일 위에 떠서 달리는 자기 부상 열차가 개발된 거예요.

▲ 마이스너 효과

초전도체는 다양한 분야에 이용돼요. 초전도체에 만들어지는 강한 자기장을 이용하여 우리 몸속에 존재하는 물 분자의 자기적 성질을 측정해 영상으로 보여주는 장치가 바로 자기 공명 영상 장치(MRI)예요. 그리고 수소 원자핵을 헬륨 원자핵으로 융합하는 반응을 이용해 에너지를 만드는 핵융합 발전에도 초전도체가 사용돼요. 핵융합 발전에는 1억 도가 넘는 초고온 플라스마를 가두는 장치가 필요한데 이 장치를 초전도체를 이용해 만드는 거예요.

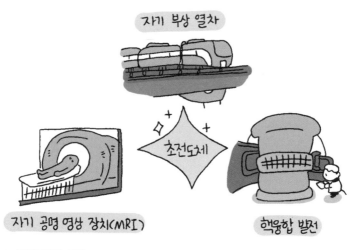

▲ 초전도체의 이용

내신 필수 체크

1 기존 소재의 단점을 보완하고 새로운 성질을 갖도록 만든 물질을 무엇이라고 하는가?

2 특정 온도 이하에서 전기 저항이 0이 되는 물질을 무엇이라 하는가?

답 1. 신소재 2. 초전도체

## 전기적 성질을 이용한 신소재

신소재는 영상 표시 장치, 보통 디스플레이라는 것에도 많이 사용되고 있어요. 디스플레이는 방식에 따라 LCD, LED, OLED 등이 있어요.

LCD는 액정 디스플레이(liquid crystal display)로, 액체(liquid)와 고체(crystal)의 중간 상태인 액정을 이용하여 만든 영상 표시 장치예요. LCD는 전자계산기, 디지털 온도계, TV, 휴대 전화기 등에 쓰여요.

▲ LCD 이용 예

요즘 가정에서는 일반 전등을 LED로 많이 교체하고 있는데, LED는 발광 다이오드(light emitting diode)를 말해요. 발광 다이오드는 전류가 흐를 때 빛을 방출하는 다이오드로, 반도체의 재료로 사용된 화합물의 종류에 따라 방출하는 빛의 색이 달라져요. LED는 리모컨이나 광통신, 자동차 램

▲ LED 이용 예

프, 신호등, 전광판, 조명, LED TV에 사용되고 있어요.

OLED는 유기 발광 다이오드(organic light emitting diode)로 유기 화합물로 만들어져 전류가 흐르면 스스로 빛을 내는 것이에요. LCD는 스스로 빛을 낼 수 없어 별도의 광원이 필요하지만 OLED는 광원이 필요하지 않아 LCD에 비해 얇고

▲ OLED 이용 예: 휘어지는 디스플레이

가볍게 만들 수 있으며 심지어 휘어지거나 둘둘 말리는 디스플레이 장치를 만들 수도 있답니다.

## 여러 가지 신소재

연필심의 재료인 흑연은 탄소(C) 원자가 육각형 형태로 배열된 평면들이 층층이 쌓여 있는 구조로 이루어져 있어요. 이 중 얇은 한 층에 해당하는 탄소 원자들의 평면 결합 구조를 그래핀(graphene)이라고 해요. 그래핀은 두께가 원자 한 개에 해당하므로 빛을 잘 투과시키고 투명해요. 또, 얇고 가볍고 유연하지만 강도는 강철의 200배 이상이며, 전기 전도성과 열 전도성이 매우 높아요. 그래서 디스플레이나 태양 전지, 의료 기기, 비행기 등의 초경량 고강도 소재 등에 이용될 수 있어요.

**탄소 나노 튜브**는 평면 모양의 그래핀이 원통 모양으로 말려 있는 구조예요. 열 전도성과 전기 전도성이 좋으며, 가볍고 강도가 높아요. 나노 핀셋, 반도체, 연료 전지 등에 이용되며 다양한 물질에 강도를 높이기 위한 첨가제로 사용되기도 해요.

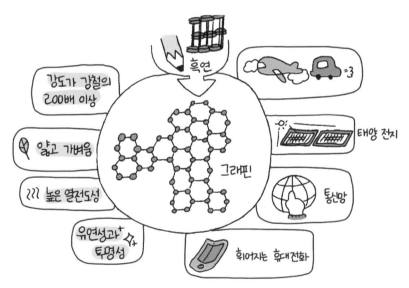

▲ 그래핀은 탄소 원자가 육각형 형태로 배열된 한 층의 평면 구조로 전기 전도성과 열 전도성이 매우 높다.

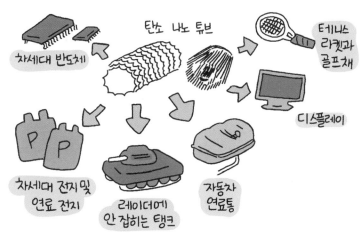

▲ 탄소 나노 튜브는 가볍고 강도가 높다.

## 자연을 모방한 신소재

옷, 신발, 가방 등에 사용되는 벨크로 테이프
는 어디에서 아이디어를 얻었을까요? 벨크로 테
이프의 한쪽에는 갈고리가 있고 다른 쪽에는 실
로 된 걸림 고리가 있어서 접착하면 잘 떨어지

▲ 벨크로 테이프

지 않아요. 이것은 국화과에 속하는 도꼬마리라는 한해살이풀 열매의
가시를 모방하여 만든 것이에요. 도꼬마리 열매에는 갈고리 모양의 가
시가 달려 있는데 이 가시는 동물의 털에 붙어 이동하고 번식해요. 이
처럼 자연 현상이나 생물체의 구조를 관찰하고 이해하면서 자연을 모방
하여 만든 신소재가 늘어나고 있어요.

파충류의 일종인 도마뱀붙이는 떨어지지 않고 벽이나 천장에 매달려
서 자유롭게 걸어다닐 수 있어요. 도마뱀붙이의 발가락에는 작은 주름
이 있고 이 주름은 무수히 많은 미세 섬모로 덮여 있어요. 이 미세 섬
모와 물체 사이에 분자간 힘이 작용해서 벽이나 천장에 거꾸로 매달려
서 걸을 수 있어요. 이것을 모방하여 게코 테이프와 같은 접착력이 강

한 물질을 개발하였어요.

또, 연못 속에 사는 연잎에 떨어진 물방울은 잎을 적시지 못하고 흘러내려요. 연잎의 표면은 수 마이크로미터 크기의 돌기들로 덮여 있고, 이 돌기들은 다시 수 나노미터 크기의 돌기들로 덮여 있어요. 물방울은 매우 작은 이 돌기 위에 떠 있어 연잎 표면과 접촉하는 면적이 매우 작아요. 이런 울퉁불퉁한 표면 때문에 연잎에 떨어진 물방울은 둥근 모양을 유지하며 미끄러져 흘러내려요. 이때 연잎은 물에 젖지 않을 뿐 아니라 연잎 위의 먼지들이 물에 씻겨 내려가 깨끗해져요. 이런 현상을 모방해서 방수 효과가 뛰어난 섬유와 오염 방지 섬유 등이 개발되었어요. 이외에도 물속에서도 바위에 달라붙어 있는 홍합을 모방하여 만든 수중 접착제, 혹등고래 지느러미의 돌기 구조를 모방한 저소음 고효율 팬 등이 자연 현상을 모방한 신소재에 해당해요.

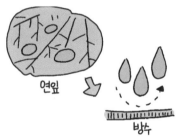

▲ 물을 밀어내는 연잎의 특성을 이용한 방수 섬유

▲ 혹등고래 지느러미 구조를 모방한 저소음 고효율 팬

**내신 필수 체크**

1 탄소 원자가 육각형 모양으로 결합하여 한 층의 평면을 이루고 있는 구조를 무엇이라 하는가?

2 벨크로 테이프는 어떤 식물의 열매를 모방하여 만든 것인가?

답 1. 그래핀 2. 도꼬마리 열매

# 미리보는 탐구 서·논술

**1** 다음은 여러 가지 신소재를 나타낸 것이다. 각각의 특징, 이용 사례, 장점과 단점을 조사해 보자.

| 형상 기억 합금 | 파인 세라믹스 | 풀러렌 |

**2** 스포츠 분야에 적용된 신소재의 예를 조사해서 정리해 보자.

---

✎ 예시답안

**1**

| 신소재 | 특징 | 이용 사례 | 장단점 |
|---|---|---|---|
| 형상 기억 합금 | 금속을 변형시켜도 일정한 온도가 되면 다시 원래 모양으로 돌아간다. | 우주선 안테나, 안경, 치아교정용 와이어, 인공 근육 등 | 너무 심하게 변형시키면 원래 모양으로 돌아가지 않거나 원래 모양으로 돌아가는 온도 범위가 좁다는 단점이 있다. |
| 파인 세라믹스 | 파인세라믹스는 물리적, 열적, 역학적 특성이 세라믹스(요업제품)보다 훨씬 뛰어난 제품으로 특히 고온에 강하다. | 우주선 내열 타일, 집적회로기판, 고효율열기관재, 인공 뼈, 인공치아 등 | 열에 강하고 금속보다 단단하지만 부서지기 쉬워 가공하기 어렵다는 단점이 있다. |
| 풀러렌 | 탄소 60개가 축구공 모양으로 결합한 분자로 강도가 강하고 전기 전도도가 크다. | 로켓 연료, 윤활유, 볼베어링, 의약 성분의 저장 및 체내 운반체 등 | 강도가 강하고 열과 전기 전도도가 크며 인체에 독성이 없다. |

**2** 펜싱의 펜싱복은 방탄조끼나 헬멧에 사용되는 케블라 섬유로 만들어 검이 뚫을 수 없다. 그리고 펜싱 검은 제트기나 로켓의 재료로 쓰이는 마레이징 강철로 만든다.
양궁에 사용되는 활의 활시위는 고분자인 폴리에틸렌계 섬유로 만들어 진동을 줄여주며, 활과 화살은 단단하고 유연한 탄소 나노 튜브로 만든다.

1부

물질과 규칙성

# III

# 역학적 시스템

# 08 중력과 역학적 시스템

달은 계속해서 지구를 향해 떨어지고 있다!

냉장고에 자석을 이용해서 메모지를 붙여본 적이 있나
요? 이것은 자기력을 이용한 거예요. 자기력 외에도 중
력, 탄성력, 마찰력, 전기력 등 여러 가지 힘이 존재해
요. 우리는 이런 힘을 이용하기도 하고 힘의 작용을 받
기도 해요.

## 힘과 운동

여러 가지 힘의 작용에 의해 끊임없이 변화하면서도 일정한 운동 체
계를 유지하는 시스템을 **역학적 시스템**이라고 해요. 힘이 작용하면 운
동에 어떤 영향을 주고 역학적 시스템에 어떤 영향을 줄까요?

물체가 힘을 받지 않으면 계속해서 정지해 있거나 등속 직선 운동을
해요. 반대로 물체가 힘을 받으면 속력이나 방향 등의 운동 상태가 변
하게 돼요. 물체의 운동 방향과 같은 방향으로 힘이 작용하면 물체의
속력은 점점 증가하고, 물체의 운동 방향과 반대 방향으로 힘이 작용하
면 물체의 속력은 점점 감소해요. 그리고 물체의 운동 방향과 비스듬한
방향으로 힘이 작용하면 물체의 운동 방향이 변해요.

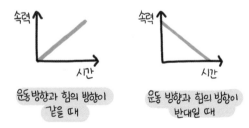

## 중력

여러 가지 힘 중에서 질량이 있는 모든 물체 사이에 서로 끌어당기는 힘을 **중력**이라고 해요. 사과가 아래로 떨어지고 물이 낮은 곳으로 흐르는 것은 모두 지구와 물체 사이에 작용하는 중력 때문이에요.

▲ 중력의 작용

중력은 물체의 질량이 클수록, 물체 사이의 거리가 가까울수록 커져요. 무게는 물체에 작용하는 중력의 크기로, 측정하는 장소에 따라 달라지는 데 달에서 물체의 무게를 재면 지구에서 잰 값의 $\frac{1}{6}$ 정도 밖에 안돼요. 이것은 천체마다 질량과 크기가 달라 중력의 크기가 다르기 때문이에요. 몸무게가 작게 나오게 하고 싶으면 달에 가서 재면 좋겠죠?

## 자유 낙하 운동

중력은 지구에 있는 모든 물체에 항상 작용해요. 중력은 지구 중심 방향으로 작용하기 때문에 높은 곳에서 떨어뜨린 물체는 지구 중심을 향해 떨어져요. 이렇게 정지 상태의 물체가 다른 힘의 작용 없이 중력만 받아 아래로 떨어지는 운동을 **자유 낙하 운동**이라고 해요. 그런데 지구에서 낙하하는 물체는 공기 속에서 운동하므로 실제로는 공기 저항을 받아요. 깃털이나 가벼운 종이 같은 물체는 공기 저항을 크게 받기 때문에 천천히 떨어지죠. 그래서 예전에는 무거운 물체가 가벼운 물체보다 더 빨리 떨어진다고 생각했어요. 공기 저항을 무시할 수 있는 경우에는 물체의 무게에 관계 없이 모든 물체가 동시에 떨어져요.

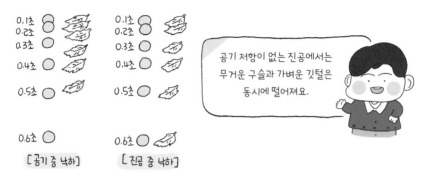

물체가 아래로 떨어질수록 0.1초 동안 낙하하는 거리가 점점 증가하는 것으로 보아 속력이 점점 증가하는 것을 알 수 있어요. 이렇게 물체의 속도가 변하는 운동을 가속도 운동이라고 해요. 가속도는 단위 시간당 속도의 변화량을 의미하며 단위는 m/s²이나 cm/s²을 사용해요.

$$가속도 = \frac{속도\ 변화량}{시간}$$

지표 부근에서 자유 낙하 운동하는 물체는 질량에 관계 없이 속력이 일정하게 증가하여 가속도가 약 9.8 m/s²(=980 cm/s²)이 되는데 이를 **중력 가속도**라고 해요. 그리고 이렇게 일정한 가속도를 갖는 운동을 <u>등가속도 운동</u>이라고 해요. 자유 낙하하는 물체의 속력이 일정하게 증가하는 등가속도 운동을 하는 것은 물체가 떨어지는 방향으로 지속적으로 일정한 크기의 중력이 작용하기 때문이에요.

**내신 필수 체크**

자유 낙하하는 물체의 속력은 어떻게 변하는가?

답 낙하하는 동안 속력이 일정하게 증가한다.

☐ 자유 낙하 운동에서의 속력과 가속도

| 0.1초당 이동 거리(cm) | 속력 (cm/s) | 가속도 (cm/s²) |
|---|---|---|
| 4.9−0=4.9 | $\frac{4.9}{0.1}=49$ | $\frac{147-49}{0.1}=980$ |
| 14.7 | 147 | 980 |
| 24.5 | 245 | 980 |
| 34.3 | 343 | 980 |
| 44.1 | 441 | 980 |
| 53.9 | 539 | |
| 0.1초당 낙하한 거리가 점점 증가 | 속력이 0.1초당 98 cm/s씩 일정하게 증가 | 가속도는 980 cm/s²으로 일정 |

0, 4.9, 19.6, 44.1, 78.4, 122.5, 176.4

단위(cm)

0.1초 간격으로 촬영한 자유 낙하 운동

가속도가 일정

- 속력 $= \dfrac{\text{이동 거리}}{\text{시간}}$ (단위: m/s)

- 가속도 $= \dfrac{\text{속도 변화량}}{\text{시간}}$ (단위: m/s²)

## 수평 방향으로 던진 물체의 운동

물체를 수평 방향으로 던지면 물체는 어떻게 운동할까요? 물체가 어느 방향으로 운동을 하든지 그 물체에는 연직 방향으로 중력이 작용해요. 따라서 물체의 운동 방향과 나란하지 않은 방향으로 힘이 작용하므로 떨어지는 동안 물체의 속력과 운동 방향은 계속 변해요.

오른쪽 그림과 같이 수평 방향으로 던진 공은 운동하는 동안 중력 이외의 힘을 받지 않아요. 즉, 수평 방향으로는 아무 힘도 받지 않으므로 등속 직선 운동을 하지만, 연직 방향으로는 중력이 작용하여 자유 낙하 운동과 같이 등가속도 운동을 해요.

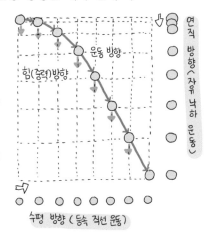

수평 방향으로 서로 다른 속력으로 공을 던져도 연직 방향의 중력 가속도는 일정하므로 모두 동시에 지면에 도달해요. 그러면 같은 높이에서 하나의 공은 자유 낙하시키고, 다른 공은 동시에 수평으로 던진다면 어느 공이 먼저 지면에 도달할까

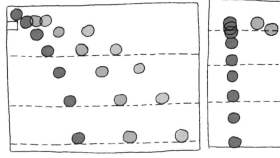

▲ 수평으로 서로 다른 속력으로 공을 던진 경우

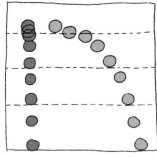

▲ 하나는 자유 낙하, 하나는 수평으로 던진 경우

요? 이 경우도 연직 방향의 중력 가속도는 같기 때문에 두 공이 동시에 지면에 도달해요.

만약 높은 산꼭대기에 올라가서 아주 빠르게 수평 방향으로 물체를 던지면 어떻게 될까요? 물체를 빨리 던질수록 이 물체는 더 멀리까지 날아가서 떨어질 거예요. 그러다가 매우 빠른 속력으로 물체를 던지면 이 물체는 땅을 향해 떨어지지만 지구는 둥글므로 지면에 닿지 않고 지구 주위를 돌아 다시 처음 위치로 돌아오게 돼죠.

이러한 생각을 처음 한 과학자는 영국의 뉴턴(Newton, I., 1642~1727)이에요. 뉴턴은 지구 중력에 의해 달이 지구 주위를 돌고 있으며 지구 위의 물체들이 지구 중력에 의해 아래로 떨어지는 것처럼 달도 계속해서 지구를 향해 자유 낙하하고 있다고 했어요.

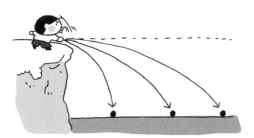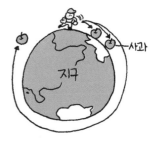

▲ 매우 빠른 속력으로 물체를 던지면 물체는 지구 주위를 도는 원운동을 한다.

이처럼 서로 다르게 보이는 자유 낙하, 수평으로 던진 물체의 운동, 지구 주위를 도는 달의 운동에서 중력은 항상 작용하며 같은 영향을 준다고 할 수 있어요.

### 내신필수 체크

수평 방향으로 던진 물체는 수평 방향으로 어떻게 운동하는가?

📋 수평 방향으로는 힘이 작용하지 않으므로 등속 직선 운동을 한다.

## 중력과 자연 현상

중력은 지구 시스템의 여러 가지 자연 현상에 영향을 주고 있어요. 지구 중력의 영향에서 벗어날 정도로 가벼운 수소나 헬륨 등의 기체는 지구 생성 초기에 지구를 탈출하였고, 질소와 산소 같은 무거운 기체가 지구 대기의 주성분이 되었어요. 또, 중력에 의해 지구 대기는 고도가 높아짐에 따라 밀도가 작아져요. 한편, 대기의 가열, 냉각에 의해 밀도 차이가 발생하고 이로 인해 기권에 대류 현상과 기상 현상이 발생해요. 예를 들어, 구름 속에서 성장한 물방울은 중력이 작용하여 비나 눈으로 떨어져 강과 빙하를 만들어요. 강이나 빙하는 중력에 의해 낮은 곳으로 이동하면서 지형을 변화시키지요.

중력은 생명체에서 몸의 구조나 생활 방식에도 영향을 주는데, 바다에 서식하는 생물은 중력과 반대 방향으로 부력을 받아요. 하지만 생물이 육상으로 진출하면서 부력이 없는 환경에 놓이게 되었고, 몸집이 큰 동물들은 중력을 견뎌낼 수 있도록 강한 근육과 튼튼한 골격을 갖도록 진화가 일어났어요. 식물 세포는 중력을 견디고 높이 자랄 수 있도록 동물 세포와 달리 세포벽이 발달했어요.

**지권에 영향**
강이나 빙하로
인한 지형 변화

중력은 지구상의 모든 물체에 영향을 주며, 다양한 자연 현상을 일으키고, 생물들의 생명 활동에도 영향을 미쳐요.

**기권에 영향**
비, 눈 등의
기상 현상

지구시스템 중력 생명시스템

**생물권에 영향**
• 코끼리의 단단한 골격과 근육
• 땅속을 향해 자라는 식물의 뿌리

**1** 그림은 같은 높이에서 쇠구슬을 하나는 가만히 놓고, 다른 하나는 수평 방향으로 동시에 발사한 것이다. 두 쇠구슬은 동시에 바닥에 도달한다. 그 까닭을 중력을 이용하여 설명해 보자.

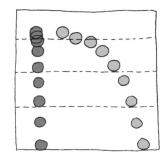

**2** 중력이 지구 시스템과 생명 시스템에 어떤 영향을 주는지 그림을 참고하여 설명해 보자.

---

✏️ **예시답안**

**1** 두 물체 모두 연직 방향으로 중력이 계속 작용하며 지표 부근에서는 물체의 질량에 관계없이 중력 가속도가 일정하기 때문에 동시에 바닥에 도달한다.

**2** 액체나 기체에 밀도 차이가 생기면 상대적으로 중력의 차이가 발생하여 대류 현상이 나타난다. 대류 현상에 의해 구름이 만들어지고 구름 속의 빙정이나 물방울이 성장하면 중력에 의해 눈이나 비가 되어 지면으로 떨어진다. 높은 곳의 물은 중력에 의해 낮은 곳으로 이동하며 지형을 변화시킨다. 이런 과정을 거치면서 지구 시스템 내에서 물의 순환이 이루어지고 생명체가 존재할 수 있다. 식물의 뿌리가 땅 속을 향해 자라고 육상에서 생활하는 동물의 근육과 골격이 발달한 것도 중력 때문이다.

# 09 역학적 시스템과 안전

KTX에 안전띠가 없는 이유!

자동차에는 사고가 났을 때 피해를 줄이기 위해 안전띠나 에어백과 같은 안전 장치가 있어요. 그런데 같은 교통수단인 기차에는 이런 장치가 없어요. 그 이유는 무엇일까요? 그리고 이런 장치들은 우리를 어떻게 보호해 주는 걸까요?

## 관성

버스를 타고 가다가 달리던 버스가 갑자기 멈추거나 급하게 출발할 때 몸이 앞으로 쏠리거나 뒤로 쏠리는 경험을 해본 적이 있지요? 왜 이런 현상이 나타날까요? 이것은 힘과 관련이 있어요. 어떤 물체가 힘을 받으면 속력이나 운동 방향 등 운동 상태가 변하게 되고, 힘을 받지 않으면 운동 상태는 변하지 않아요. 즉, 어떤 물체에 힘이 작용하지 않으면 정지해 있는 물체는 계속 정지해 있으려 하고, 운동하는 물체는 계속해서 등속 직선 운동을 하려고 하는데, 물체가 갖는 이런 성질을 **관성**이라고 해요.

달리던 버스가 갑자기 브레이크를 밟아 멈추면 버스에는 힘이 작용하지만 버스 안에 있는 사람은 힘을 받지 않아요. 따라서 사람은 계속해서 같은 속력으로 운동하려고 하기 때문에 몸이 앞으로 쏠리는 것이에요. 반대로 정지해 있던 버스가 갑자기 출발하면 버스 안의 사람은 계속해서 그 자리에 정지해 있으려 하기 때문에 몸이 뒤로 쏠리는 것이에요.

운동 방향 →

버스가 갑자기 출발하면
승객은 뒤로 쏠린다.

운동 방향 →

버스가 갑자기 정지하면
승객은 앞으로 쏠린다.

　그런데 만일 자동차를 탈 때 안전띠를 매지 않으면 어떤 일이 벌어질까요? 달리던 자동차가 급정거하거나 충돌하여 멈추면 관성에 의해 자동차 안의 사람은 자동차가 달리던 속력 그대로 앞으로 나아가려고 해요. 안전띠를 매지 않았다면 사람의 몸은 자동차 앞 유리나 앞 좌석에 부딪히거나 심할 경우 자동차 밖으로 튕겨 나갈 수도 있어요. 따라서 자동차를 탈 때는 반드시 안전띠를 매야 해요.

　그러면 자동차에 있는 안전띠가 왜 기차에는 없을까요? 물체의 질량이 클수록 관성이 커요. 즉, 질량이 큰 물체일수록 갑자기 출발하거나 멈추기 위해 더 큰 힘이 필요한 거예요. 따라서 자동차가 달리다가 브레이크를 밟으면 비교적 빨리 정지하지만, 질량이 매우 큰 기차가 달리다가 브레이크를 밟으면 바로 정지하지 못하고 한참을 달린 후 정지하기 때문에 기차에는 안전띠가 없는 것이에요.

**내신 필수 체크**

달리던 버스가 급정거하면 몸이 앞으로 쏠리는 이유는?

답 사람은 관성에 의해 계속 앞으로 운동하려 하기 때문에

## 운동량과 충격량

소형 자동차와 커다란 트럭이 같은 속력으로 달리고 있을 때 트럭을 멈추게 하는 것이 자동차를 멈추게 하는 것보다 힘이 더 들어요. 트럭의 질량이 더 크기 때문이죠. 또, 같은 트럭이 50 km/h의 속력으로 달릴 때보다 100 km/h의 속력으로 달릴 때 멈추게 하는 것이 더 힘들어요. 이렇게 물체의 운동 정도를 비교할 때는 속도와 질량을 같이 고려해야 겠지요? 물체의 운동 정도를 나타내는 양을 **운동량**이라고 하는데, 운동량은 물체의 질량이 클수록, 속도가 빠를수록 커요. 따라서 운동량은 물체의 질량과 속도의 곱으로 나타내며, 단위는 kg · m/s를 사용해요.

운동량(p) = 물체의 질량(m) × 속도(v)

▲ 같은 속도일 때 질량이 클수록 운동량이 크다.

▲ 같은 질량일 때 속도가 클수록 운동량이 크다.

그러면 운동량을 변화시키려면 어떻게 해야 할까요? 운동량은 질량과 속도의 곱이므로 속도를 변화시키면 운동량이 변해요. 그리고 속도를 변화시키려면 물체에 힘을 가해야 해요. 힘을 세게 줄수록 속도는 많이 변하고 운동량도 많이 변해요. 그런데 운동 방향과 같은 방향으로 10 N의 힘을 잠깐 주고 힘을 빼면 속도는 한순간 증가하고 그 속도가 유지되지만 만일 10 N의 힘을 계속 준다면 그동안 속도는 계속 증가하게 돼요. 따라서 힘의 크기가 같을 때는 힘을 주는 시간이 길수록 속도 변화가 커지고 운동량 변화가 커지는 것이에요.

운동량의 변화는 물체에 작용한 힘의 크기와 힘이 작용한 시간에 비례해요. 이렇게 어떤 물체에 힘이 작용해서 나타난 운동량의 변화량을 **충격량**이라고 하며 물체에 작용한 힘의 크기와 힘이 작용한 시간의 곱으로 나타내요. 충격량의 단위로는 N · s를 사용해요.

> 운동량의 변화량($\Delta p$)=물체의 질량(m)×속도의 변화량($\Delta v$)
> =충격량(I)=작용한 힘(F)×힘이 작용한 시간($\Delta t$)

만일 계속해서 일정한 크기의 힘이 작용한다면 시간-힘 그래프에서 그래프 아랫부분인 사각형의 넓이는 충격량과 같게 되지요. 힘의 크기가 계속 변한다고 해도 역시 그래프 아랫부분의 넓이를 구하면 충격량을 구할 수 있어요.

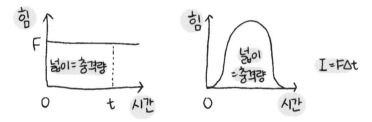

▲ 충격량은 물체에 작용한 힘의 크기와 힘이 작용한 시간의 곱으로 나타낸다.

운동량을 많이 변화시키려면 물체에 작용하는 힘이나 힘이 작용하는 시간을 크게 해서 충격량을 크게 하면 돼요. 야구 경기에서 타자가 홈런을 치기 위해서는 공을 센 힘으로 쳐야 하고 스윙을 끝까지 해서 공에 힘이 작용하는 시간을 길게 해야 해요. 대포를 발사할 때도 포신을 길게 하면 힘이 작용하는 시간이 길어져 포탄을 멀리 보낼 수 있어요.

그러면 물체가 충돌할 때 충격을 줄이기 위해서는 어떻게 해야 할까요? 같은 속도로 날아오는 같은 질량의 물풍선을 손으로 받아서 정지시킬 때 속도의 변화량이 같으므로 운동량의 변화량, 즉 충격량은 같아요. 그런데 손을 앞으로 내밀면서 물풍선을 받으면 물풍선이 터지지만 손을 뒤로 당기면서 받으면 터지지 않고 안전하게 받을 수 있어요. 이것은 물풍선에 힘이 작용하는 시간이 다르기 때문이에요. 손을 뒤로 당기면서 물풍선을 받으면 물풍선에 힘이 작용하는 시간이 길어지죠. 충격량은 같은데 힘이 작용하는 시간이 길어지면 물체에 작용하는 힘의 크기가 작아지므로 충격을 덜 받는 것이에요.

딱딱한 접시에 떨어진 달걀은 깨지지만 푹신한 방석에 떨어진 달걀은 깨지지 않는데, 이것도 달걀과 방석의 충돌 시간이 길기 때문이에요.

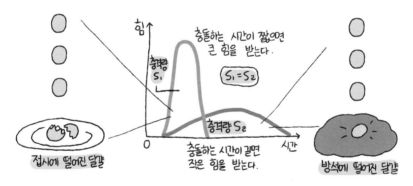

1 어떤 물체에 10 N의 힘이 2초 동안 작용할 때 이 물체의 운동량 변화는 얼마인가?

2 40 m/s의 속력으로 날아오는 질량 140 g인 야구공이 포수 글러브에서 완전히 정지하는 데 0.5초가 걸렸다. 이때 야구공이 받은 평균 힘은 얼마인가?

답 1. 10 N×2 s=20 N · s  2. $\dfrac{0.14\ kg \times 40\ m/s}{0.5\ s}$ =11.2 N

## 충돌과 안전 장치

충격량이 같을 때 충돌 시간을 길게 해서 충격을 덜 받으려는 것은 스포츠나 자동차 등 우리 생활에서 많이 볼 수 있어요. 이 원리를 적용한 안전 장치에는 어떤 것들이 있을까요?

자동차에는 충돌에 대비해 에어백이 설치되어 있어요. 자동차가 급정거하면 관성에 의해 몸이 앞으로 튕겨 나가는데 이때 에어백에 충돌하면 에어백이 눌리면서 충돌 시간이 길어지므로 사람이 받는 힘이 작아지는 것이에요.

같은 이유로 자동차 범퍼를 만들 때도 충돌에 의해 범퍼가 적절히 찌그러지도록 만들어요. 충돌할 때 범퍼가 찌그러지지 않아야 안전할 것 같지만, 오히려 범퍼가 찌그러지면서 충돌 시간이 길어져야 자동차가 받는 충격이 작아지기 때문이에요.

▲ 자동차의 에어백이나 범퍼는 충돌 시간을 늘려서 충돌할 때 받는 힘이 작아지도록 만든 장치이다.

번지 점프를 할 때는 탄성이 매우 좋은 고무줄을 사용해요. 번지 점프를 하는 동안 고무줄은 처음 길이의 2배 정도까지 늘어나요. 탄성이 좋은 줄을 몸에 묶고 점프를 하면 줄이 늘어나면서 정지할 때까지 시간이 오래 걸리기 때문에 몸이 받는 충격은 훨씬 줄어드는 것이에요.

스포츠 분야에서도 다양한 안전 장치가 필요해요. 야구 경기에서 포수는 150 km/h 정도의 빠른 공을 손으로 받아야 해요. 이때 맨손으로 받는 것보다 글러브를 끼고 받는 것이 힘이 작용하는 시간을 길게 하여 손에 작용하는 힘의 크기를 줄여 주게 돼요. 매우 빠른 공을 받기 때문에 수비수보다 더 두꺼운 글러브를 사용하지요. 또한, 야구장의 펜스에는 쿠션이 설치되어 있는데, 수비수가 펜스에 충돌할 경우 사람이 받는 힘을 줄여 줘요.

▲ 야구 선수들이 사용하는 글러브나 펜스에 설치된 쿠션은 힘이 작용하는 시간을 길게 하여 작용하는 힘의 크기를 줄이는 역할을 한다.

체조 경기장에는 충격을 흡수할 수 있는 푹신푹신한 매트를 설치해요. 그리고 체조 선수들이 착지할 때는 다리를 곧게 편 채로 착지하지 않고 무릎을 구부리면서 착지하여 힘이 작용하는 시간을 길게 하여 충격을 줄이려고 해요. 이외에도 태권도나 권투 경기에서 선수들이 착용하는 보호대, 아이스하키 선수들의 무릎 보호대, 야구나 쇼트트랙 선수들의 헬멧 등이 충격을 줄이기 위해 사용되고 있어요.

매트

▲ 충격을 줄여 주는 안전 장치

## 미리보는 탐구 서·논술

**1** 인라인스케이트를 탈 때 필요한 안전 장비와 그 역할에 대하여 조사해 보자.

(1) 인라인 스케이트를 탈 때 준비해야 할 안전 장비에는 어떤 것들이 있는가?

(2) 위에서 조사한 안전 장비의 역할과 원리를 생각해 보자.

**2** 파손되기 쉬운 물건을 포장할 때 어떤 방법을 사용하면 좋은지 조사해 보고 그 원리를 생각해 보자.

### 예시답안

**1** (1) 헬멧, 팔꿈치 보호대, 손목 보호대, 무릎 보호대

(2)

| 안전 장비 | 역할 | 원리 |
|---|---|---|
| 헬멧 | 넘어졌을 때 머리가 다치지 않도록 보호해준다. | 스타이로폼 등의 푹신한 충격 흡수층이 포함되어 있어 충돌하거나 넘어졌을 때 머리에 가해지는 힘의 크기를 줄여준다. |
| 팔꿈치 보호대 | 팔꿈치 부위를 감싸주어 넘어졌을 때 팔꿈치 골절 등을 막아준다. | 압축우레탄 등의 푹신한 충전재가 들어 있어 넘어졌을 때 팔꿈치에 가해지는 힘의 크기를 줄여준다. |
| 손목 보호대 | 넘어졌을 때 손을 짚으면서 가장 다치기 쉬운 부위인 손목을 보호해준다. | 플라스틱으로 되어 있어서 넘어졌을 때 손목의 골절을 막아준다. |
| 무릎 보호대 | 넘어졌을 때 무릎에 상처가 나거나 연골이 손상되는 것을 막아준다. | 푹신한 충전재가 들어 있어 넘어졌을 때 무릎에 가해지는 힘의 크기를 줄여준다. |

**2** 에어캡이나 스타이로폼, 스펀지, 골판지 등을 이용해 포장한다. 이 재료들은 모두 외부 충격이 가해졌을 때 압축되며 힘이 가해지는 시간을 증가시켜서 힘의 크기를 줄이는 역할을 한다.

# IV

# 지구 시스템

# 10 지구 시스템의 구성과 상호 작용

아주 특별한 행성, 지구!

유리 가가린은 지구 밖에서 지구를 바라본 최초의 우주
인이에요. 그는 1961년 4월에 보스토크 1호를 타고 지구
상공 약 300 km까지 올라가 지구 주위를 돌면서 우주
선 밖으로 보이는 지구를 보고 "지구는 푸른색이다."라
고 했어요. 우리가 사는 지구는 과연 어떤 특징을 가지
고 있을까요?

## 지구 시스템

　태양과 태양 주위를 공전하는 천체 및 이들이 존재하는 공간을 **태양
계**라고 해요. 태양계를 구성하는 천체에는 스스로 빛을 내는 별인 태양
과 태양 주위를 공전하는 8개의 행성, 왜소행성, 소행성, 혜성, 그리고
행성 주위를 공전하는 위성 등이 있어요. 태양계 천체들은 태양의 중력
에 붙잡혀 일정한 궤도를 따라 태양 주위를 공전하면서 서로 영향을 주
고받으면서 상호 작용하는 거대한 역학적 시스템을 이루며, 저마다 독
특한 환경을 형성해요.

　지구는 다른 행성들과 마찬가지로 태양계의 역학적 시스템을 구성하
는 요소이면서 대기, 바다, 육지와 다양한 종류의 생물이 각각의 영역
을 이루면서 서로 영향을 주고받는데, 이것을 **지구 시스템**이라고 해요.
특히, 지구에는 태양계 내에서 유일하게 인류를 비롯하여 수많은 생명
체가 살고 있어요. 그러면 지구는 어떻게 생명체가 풍부한 행성이 될
수 있었을까요?

**지구 시스템**
지구를 구성하는 요소들이 서로 영향을 주고 받으며 이루는 시스템

생명체가 존재하기 위해서는 주변에 안정적으로 에너지를 공급해 주는 별과 액체 상태의 물이 있어야 해요. 물은 비열이 높아 쉽게 가열되거나 냉각되지 않으며, 매우 좋은 용매로 다양한 물질을 쉽게 용해시키는 성질이 있어 생명체가 탄생하고 진화하기에 적당한 환경을 제공하지요.

순수한 액체 상태의 물은 1기압일 때 0 °C 이하로 낮아지면 응고하여 얼음이 되고, 100 °C 이상으로 높아지면 끓어서 수증기가 돼요. 별의 둘레에서 액체 상태의 물이 존재할 수 있는 거리의 범위를 가리켜 생명 가능 지대라고 해요.

태양계에서 유일한 별인 태양은 약 50억 년 전에 탄생하여 현재까지 생명체에 필요한 에너지를 안정적으로 공급해 주고 있어요. 태양계에서 생명 가능 지대는 태양으로부터의 거리, 행성의 대기 두께 등에 따라 다르지만 현재 금성과 화성 사이(0.95 AU~1.37 AU)에 위치해요.

지구는 태양으로부터 1 AU만큼 떨어진 거리에서 거의 원에 가까운 궤도로 태양 주위를 공전하고 있어 표면에 풍부한 액체 상태의 물이 존재하지요. 만약 지구가 금성과 같이 태양에 더 가까이 있었다면 지상의

태양에 너무 가까워 온도가 매우 높음 → 물이 모두 증발

태양에서 멀리 떨어져 있어 온도가 매우 낮음 → 물이 모두 언다.

물은 모두 증발했을 것이고, 화성과 같이 더 멀리 떨어져 있었다면 물이 모두 얼어서 생명체가 존재할 수 없었을 거예요. 또한, 지구는 적당한 크기와 중력을 가지고 있어 자외선이나 방사선과 같은 유해한 우주선으로부터 생명체를 보호하고 생명 활동에 필요한 충분한 대기를 가지고 있어요.

이처럼 지구는 태양으로부터 적당한 거리에 있을 뿐 아니라 크기도 적당하여 액체 상태의 물과 대기를 가질 수 있었으며, 그 안에서 생명체가 출현하여 번성할 수 있었어요.

## 지구 시스템의 구성 요소

태양계는 태양과 행성, 소행성 같은 여러 천체로 이루어져 있는데, 지구 시스템은 어떤 요소로 이루어져 있을까요? 지구 시스템은 기권, 수권, 지권, 외권, 생물권으로 구성되어 있어요.

**기권**은 지구를 둘러싸고 있는 공기의 층을 말해요. 지구의 대기는 주로 질소와 산소로 이루어져 있으며 약간의 아르곤, 이산화 탄소 등의 기체가 포함되어 있어요.

기권은 기온의 연직 분포에 따라 대류권, 성층권, 중간권, 열권의 네 개의 층으로 구분해요. 가장 아래에 있는 층을 대류권이라고 해요. 이 층은 고도가 높아짐에 따라 기온이 점점 낮아지기 때문에 대류가 일어나며, 수증기가 존재하기 때문에 구름이 만들어지고 비나 눈이 내리는 등 기상 현상이 나타나요.

내 주위에는 공기가 날아가지 않고 모여서 공기층을 만들고 있어.

이산화 탄소 0.03%

아르곤 0.93%

기타 0.04%

산소 21%

질소 78%

지구 대기 구성 성분

높이 20~30 km 사이에는 오존 농도가 높은 오존층이 존재하는데, 오존층에서는 태양의 자외선을 흡수하기 때문에 대류권 위에서부터 높이 50 km 정도까지는 고도가 높아질수록 기온이 올라가며 이 층을 성층권이라고 해요. 만일 오존층에서 자외선을 막아주지 않는다면 지표에까지 자외선이 도달하기 때문에 육지에 생명체가 존재하기 힘들었을 거예요.

성층권 위에서 높이 약 80 km까지는 다시 기온이 낮아지는데 이 층을 중간권이라고 해요. 중간권은 대류는 일어나지만 수증기가 거의 존재하지 않기 때문에 대류권과 달리 기상 현상이 나타나지 않아요. 혹시 밤하늘에서 별똥별을 본 적 있나요? 별똥별은 다른 말로 유성이라고 하는데 우주에서 지구로 떨어지는 유성체가 대기와의 마찰로 타면서 밝게 빛을 내는 것을 말해요. 이 별똥별이 처음으로 나타나는 높이가 바로 중간권이에요.

중간권 위로는 태양 에너지에 의해 가열되기 때문에 고도가 높아질수록 기온이 상승하는 열권이 존재해요. 열권은 공기가 매우 희박하기 때

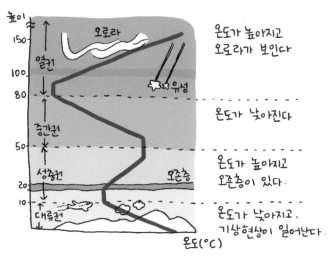

▲ 높이에 따른 기권의 기온 분포

문에 낮과 밤의 기온차가 매우 크게 나타나요. 고위도 지역에서 밤하늘을 화려하게 장식하는 오로라를 아세요? 태양에서 날아오는 대전 입자가 지구 대기권의 공기 입자와 반응하면서 빛을 내는 현상을 오로라라고 하는데 오로라가 나타나는 곳이 열권이에요. 열권은 인공 위성의 궤도로 이용되기도 해요.

**수권**은 해수(바닷물), 강, 지하수 등과 같이 지구에 존재하는 물을 말해요. 지구상의 물은 대부분 해수로 존재하며, 두 번째로 많은 양을 차지하는 것은 빙하예요. 강이나 호수에 존재하는 물의 양은 생각보다 적어요.

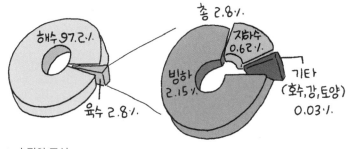

▲ 수권의 구성

해수는 수온의 연직 분포에 따라 혼합층, 수온 약층, 심해층의 세 개의 층으로 구분해요. 혼합층은 태양 에너지에 의해 가열되기 때문에 수온이 높아요. 그리고 바람에 의해 혼합되므로 깊이에 따라 수온이 거의 변하지 않아요.

혼합층 아래에는 깊이에 따라 수온이 급격히 도약하듯 낮아지는 수온 약층이 존재해요. 수온 약층은 차가운 해수가 아래쪽에 있고 따뜻한 해수가 위쪽에 있어 해수가 섞이지 않아 안정하다고 해요. 수온 약층 아래에는 태양 에너지가 도달하지 않기 때문에 수온이 매우 낮고 깊이에 따라 수온 변화가 거의 없는 심해층이 존재해요.

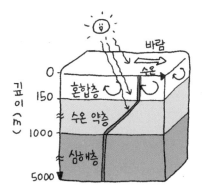

혼합층: 수온이 거의 일정
수온 약층: 깊을수록 온도가 급격히
낮아지는 안정한 층
심해층: 수온이 일정하고 매우 낮음

▲ 해수의 층상 구조

　지권은 우리가 사는 지구의 겉부분뿐 아니라 지구 내부까지 포함해요. 지구의 가장 겉부분을 지각이라고 하는데, 지각은 두껍고 밀도가 작은 대륙 지각과 얇고 밀도가 큰 해양 지각으로 나뉘어요. 지각 아래에는 지권 중 부피가 가장 큰 맨틀이 존재해요. 맨틀은 고체 상태이지만 유동성이 있어 대류가 일어나요. 맨틀 아래의 지구 중심에는 외핵과 내핵이 존재해요. 외핵과 내핵은 금속 원소인 철과 니켈로 이루어져 있는데 외핵은 액체, 내핵은 고체 상태예요. 액체 상태인 외핵에서는 철과 니켈의 대류에 의해 지구 자기장이 형성된답니다.

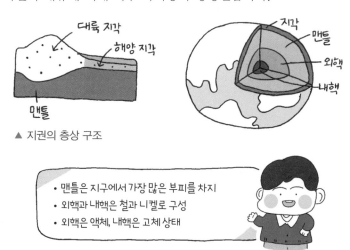

▲ 지권의 층상 구조

• 맨틀은 지구에서 가장 많은 부피를 차지
• 외핵과 내핵은 철과 니켈로 구성
• 외핵은 액체, 내핵은 고체 상태

**외권**은 기권 밖의 우주 공간을 말해요. 외권에서 지구로 들어오는 태양 에너지는 지구에 다양한 자연 현상을 일으키고 생명체가 살 수 있도록 도와주고 있어요.

**생물권**은 지구에 존재하는 모든 생명체를 말해요. 우리 인간도 생물권에 속해요.

그러면 지구 시스템의 기권, 수권, 지권, 외권은 생물권에 어떤 영향을 주고 있을까요?

기권은 생명체의 호흡과 광합성에 필요한 산소와 이산화 탄소를 제공해요. 대기로 인한 온실 효과는 지구의 온도가 생명체가 살기에 적합하도록 유지해 줘요. 또, 오존층은 자외선을 차단해 주고, 우주에서 지구로 들어오는 유성체는 대기가 있어 대기와의 마찰로 타버리기 때문에 지표에 떨어지는 것은 많지 않아요.

수권은 생명체의 몸을 구성하며 생명체의 생존에 필요한 물질과 서식처를 제공해요. 기권과 수권은 지구를 순환하며 에너지를 골고루 운반해서 지구의 온도를 일정하게 유지해 주고 있어요. 지권은 생명체에 서식처를 제공하고, 지권의 물질이 바다로 흘러들어가 염류의 근원이 되지요. 외권에서 들어오는 태양 에너지는 식물의 광합성에 이용되며, 외핵에서 형성된 지구 자기장은 우주의 우주선이나 해로운 입자를 막아 지구에 생명체가 존재할 수 있도록 도와주고 있어요.

**내신 필수 체크**

1  지구 시스템의 구성 요소 중 태양의 자외선을 차단하는 것은 어느 요소인가?
2  지권의 층상 구조에서 액체 상태로 추정되는 층은?

답 1. 기권 2. 외핵

## 지구 시스템의 상호 작용

지구 시스템의 각 구성 요소들은 각각 독립적으로 존재하는 것이 아니라 서로 영향을 주고받으며 균형을 유지하고 있어요. 기권에서 바람이 불면 수권의 해수에는 파도가 만들어지고 계속해서 파도가 치면 지권의 해안 지역은 침식되어 동굴이 만들어지기도 해요.

생물권의 식물은 기권의 이산화 탄소와 외권의 태양 에너지를 이용하여 광합성을 하고, 광합성 결과 산소를 기권으로 방출해요. 그리고 만일 어느 한 요소에 커다란 변화가 생기면 다른 요소도 영향을 받게 되지요. 지권에서 대규모 화산 폭발이 있으면 이때 분출된 화산재가 성층권에 머물면서 햇빛을 반사시키기 때문에 지구의 기온이 낮아져요. 이와 같이 지구 시스템의 구성 요소들은 끊임없이 상호 작용하며 영향을 주고받고 있어요.

기권

호흡, 광합성

풍화, 침식,
화산 활동

강수, 증발

생물권

풍화, 침식,
토양 공급

수분 공급,
용해 물질 제거

지권

풍화, 침식,
염류 공급

수권

▲ 지구 시스템의 상호 작용

**1** 흐르는 강물에 의해 지형의 변화가 나타나는 것은 지구 시스템의 어느 요소 간의
상호 작용인가?

**2** 바람에 의해 민들레의 씨가 날려 번식하는 것은 지구 시스템의 어느 요소 간의 상
호 작용인가?

답 1. 수권–지권  2. 기권–생물권

**2부**

**시스템과 상호 작용**

■ 지구 시스템의 구성 요소 사이의 상호 작용에 의해 나타나는 현상을 조사하여 아래 표에 정리해 보자.

| 영향주는 \ 영향받는 | 기권 | 수권 | 지권 | 생물권 |
|---|---|---|---|---|
| **기권** | | 대기 운동으로 해수 혼합, 해류 발생 기권의 수증기가 응결하여 수권에 유입 | 풍화, 침식 작용 강수에 의해 기권 성분 유입 | 생물이 공기 중의 산소를 흡수하여 호흡 |
| **수권** | 바다와 강에서 물이 증발하여 수증기 형성 | | 강수, 물과 빙하의 침식, 광물의 용해 | 생물의 서식처 제공, 세포 내의 물 공급 |
| **지권** | 지구 복사 에너지 방출, 화산 활동시 기체 방출 | 강물이 지각 물질을 녹여 바다로 운반해서 해수의 염류 형성 | | 광물질은 생물체 영양분의 근원, 대륙 이동에 의한 생물 서식처 변화 |
| **생물권** | 광합성과 호흡 작용에 의한 기체 배출, 증산 작용에 의한 물의 이동 | 생물체에 의한 용해 물질의 제거 | 생물의 풍화 작용으로 토양 생성 | |

**1** 외권은 생물권에 어떤 미치는 영향을 미치는가?

**2** 북극의 빙하 면적이 감소하면 지구 시스템에 어떤 변화가 나타나는가?

**✎ 예시답안**

**1** 외권에서 들어오는 태양 복사 에너지는 생물의 광합성에 이용되며, 지표에 떨어진 거대한 운석은 지구 환경을 변화시켜 생명체를 대량으로 멸종시키기도 한다.

**2** 북극의 빙하 면적이 감소하면 지표의 반사율이 감소하여 지표면에 흡수되는 태양 복사 에너지의 양이 증가하여 궁극적으로 지구의 온도를 상승시킨다.

# 11 지구 시스템의 에너지와 물질 순환

지구만 도는 게 아니야!

돌고 돌아야 진짜 돈이라고 해요. 요즘은 지방자치단체가 지역 화폐를 사용하여 경제가 잘 돌게 하려는 것을 볼 수 있어요. 마찬가지로 지구에서도 물질이 순환하고 물질을 움직이게 하는 에너지가 필요하답니다. 그러면 지구 시스템에는 어떤 에너지가 영향을 주고 있을까요?

## 지구 시스템의 에너지

지구 시스템에 영향을 주는 에너지원으로는 태양에서 들어오는 태양에너지, 지구 내부에서 흘러나오는 지구 내부 에너지, 달과 태양의 인력에 의해 나타나는 조력 에너지가 있어요. 이 중 태양 에너지가 가장 많은 양을 차지하며 조력 에너지의 양이 가장 적어요.

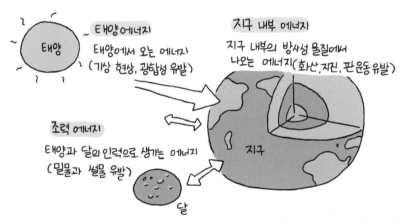

▲ 지구 시스템에 영향을 주는 에너지에는 태양 에너지, 지구 내부 에너지, 조력 에너지가 있다.

태양 에너지는 지구 시스템에서 어떤 역할을 할까요? 수권의 물이 태양 에너지를 흡수해서 수증기가 되어 기권으로 이동하면 구름을 만들고 비나 눈이 되어 지표로 내려요. 이 물은 강물이나 지하수가 되어 바다로 흘러가면서 지형을 변화시키기도 해요. 태양 에너지는 대기를 가열해서 바람을 만들고 이 바람에 의해 바다에서는 해류가 만들어져요. 그리고 식물은 태양 에너지를 이용하여 광합성을 하죠. 우리가 볼 수 있는 대부분의 자연 현상은 태양 에너지에 의해 일어나요.

기상 현상                지형 변화                광합성

지구 내부 에너지는 대부분 지구 내부의 방사성 물질에서 나오는 에너지예요. 지구 내부 에너지에 의해 맨틀에서는 대류가 일어나고, 그로 인해 판이 움직이면서 화산 활동이나 지진과 같은 다양한 지각 변동이 일어나요.

조력 에너지는 달과 태양의 인력에 의해 발생하는 에너지예요. 조력 에너지에 의해 바닷물이 움직여서 밀물과 썰물이 만들어지고 이로 인해 갯벌이 형성되는 것이에요.

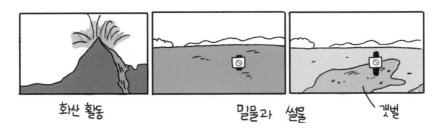

화산 활동            밀물과 썰물            갯벌

## 물의 순환

지구는 태양계 행성 중 유일하게 액체 상태의 물을 가지고 있어요. 그리고 이 물은 한 곳에 머무르는 것이 아니라 고체, 액체, 기체로 상태를 바꾸어 가며 지구 곳곳을 순환해요.

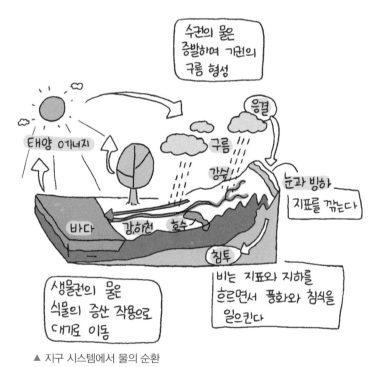

▲ 지구 시스템에서 물의 순환

바다나 강에 액체 상태로 존재하는 물은 태양 에너지를 흡수해서 수증기가 되어 기권으로 이동하고, 기권의 수증기는 다시 에너지를 방출하며 응결하여 구름을 만들어요. 물의 증발과 응결 과정에서 에너지도 함께 이동해요. 기권의 물은 비나 눈을 만들어 다시 지권이나 수권으로 이동하게 돼요. 수권의 강물이나 지하수는 지권의 물질을 녹여 바다로 운반하여 해수에 염류를 공급하고, 바다로 흘러가는 동안 지형을 변화시켜요. 또한, 물은 생물체의 생명 활동 유지에 이용되며 식물의 증산 작용을 거쳐 다시 기권으로 배출돼요.

이처럼 물은 지구 시스템의 여러 구성 요소 사이를 순환하며 다양한 자연 현상을 일으켜요. 이때 각 구성 요소로 들어가는 물의 양과 나가는 물의 양은 같아서 지구 전체의 물의 양은 항상 일정하게 유지돼요.

## 탄소의 순환

물은 증발해서 공기 중에 있다가 비와 눈으로 떨어지면 바다로 흘러가니깐 순환한다는 것이 잘 이해가 되지요? 그런데 우리 생명체를 구성하는 주요 성분 중 하나인 탄소도 물과 마찬가지로 순환하고 있어요. 우리가 먹는 밥에도 탄소 성분이 들어 있고 호흡으로 내뱉는 이산화 탄소에도 탄소가 들어 있어요.

우리가 먹는 밥에는 탄소가 들어 있어!

유위

우리가 호흡으로 내뱉은 이산화탄소에도 탄소가 들어 있지!

탄소도 물과 마찬가지로 지구 시스템의 각 구성 요소 사이를 순환하고 있어요. 기권에서 탄소는 주로 이산화 탄소($CO_2$)의 형태로 존재해요. 기권의 이산화 탄소는 광합성 과정에서 식물 속으로 이동하여 양분으로 저장되며, 수권에 녹아 주로 탄산 이온($CO_3^{2-}$)의 형태로 존재해요.

수권의 탄산 이온은 칼슘 이온($Ca^{2+}$)과 결합하여 탄산 칼슘($CaCO_3$)이 되어 생물의 골격이나 껍데기가 되어 생물권으로 이동해요. 이 생물이 죽어서 해저에 퇴적되거나 물에 녹아 있던 탄산 칼슘이 침전되면 석회암이 만들어지면서 탄소는 지권으로 이동해요.

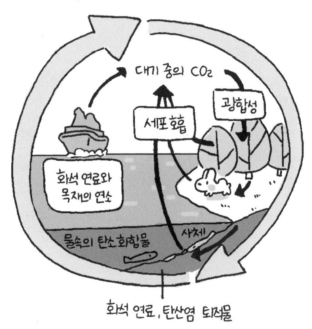

▲ 탄소의 순환

지권의 탄소는 화산 분출 과정에서 이산화 탄소의 형태로 기권으로 이동해요. 생명체에 유기물의 형태로 저장되어 있는 탄소는 생명체가 죽어 석탄, 석유 등의 화석 연료가 되면서 지권으로 이동하지요. 우리가 화석 연료를 사용하면 이산화 탄소가 발생하면서 탄소는 다시 기권으로 이동해요.

탄소 순환 과정에서 에너지도 함께 이동하는데, 식물은 광합성을 하며 태양 에너지를 화학 에너지로 전환하며, 화산 분출 과정에서는 지구 내부 에너지가 방출돼요. 이렇게 탄소는 지구 시스템의 각 요소 사이를 순환하며 지구 전체 탄소의 양은 일정하게 유지되고 있어요.

▼ 탄소의 존재 형태

| 영역 | 지권 | 기권 | 수권 | 생물권 |
|---|---|---|---|---|
| 존재 형태 | 탄산염 (석회암) | 이산화 탄소($CO_2$), 메테인($CH_4$) | 탄산 이온($CO_3^{2-}$) | 탄소 화합물 |

탄소가 각 권을 이산화 탄소, 탄산 칼슘, 탄산 이온 등의 형태로 순환하는 동안 에너지도 함께 이동해요.

내신 필수 체크

1 지구 시스템에서 물의 순환을 일으키는 에너지원은 무엇인가?

2 화석 연료를 연소시킬 때 탄소는 어느 권에서 어느 권으로 이동하는가?

답 1. 태양 에너지 2.지권에서 기권으로 이동한다.

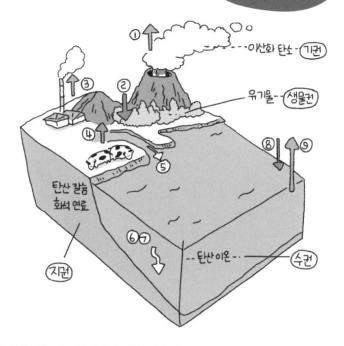

① 화산 분출로 지권의 탄소가 기권으로 이동

② 식물이 광합성하면서 기권의 탄소가 생물권으로 이동

③ 석유, 석탄 등의 화석 연료를 사용할 때 지권의 탄소가 기권으로 이동

④ 생명체가 호흡할 때 생물권의 탄소가 기권으로 이동

⑤ 강물과 지하수가 바다로 흘러갈 때 지권에 탄산 칼슘 형태로 들어 있는 탄소가 수권으로 이동

⑥ 바닷물 속에 녹아 있는 탄산 이온이 칼슘 이온과 결합하여 탄산 칼슘을 만들어 침전되면서 수권의 탄소가 석회암의 형태로 지권으로 이동

⑦ 해저 생물이 죽은 후 가라앉아 골격이나 껍데기가 퇴적되어 생물권의 탄소가 석회암의 형태로 지권으로 이동

⑧ 기권의 이산화 탄소가 수권에 녹아 들어감

⑨ 수권의 탄소가 기권으로 방출됨

미리보는 **탐구 서·논술**

▣ 그림은 태풍의 영향을 받는 해안가의 모습과 태풍을 나타낸 것이다.

**1** 태풍을 일으키는 지구 시스템의 에너지원은 무엇인가?

**2** 태풍이 생기고 소멸하는 과정은 지구 시스템의 어떤 권역 사이의 상호 작용에 의해 일어나는가?

**3** 태풍으로 인해 물은 어떻게 이동하는지 설명해 보자.

---
---
---
---
---
---
---

✎ **예시답안**

**1** 태풍을 일으키는 지구 시스템의 주요 에너지원은 태양 에너지이다.

**2** 열대 해상에서 태풍이 발생하는 과정은 수권과 기권 사이의 상호 작용에 해당하고, 태풍이 육지에 상륙하여 소멸하는 과정은 지권과 기권 사이의 상호 작용에 해당한다.

**3** 태풍의 발생 과정에서 물은 바다에서 대기로 이동하고 태풍의 두꺼운 구름에서 비가 내리는 과정에서 물은 대기에서 육지나 바다로 이동한다. 한편, 지표에 내린 물은 강물이나 지하수의 형태로 다시 바다로 이동한다.

# 12 지권의 변화

지구가 살아 움직인다!

우리나라는 지진이 자주 발생하는 곳은 아니지만 지진의 안전지대는 아니라고 해요. 몇 년 전에는 경주와 포항에서 일어난 지진으로 큰 피해가 발생하기도 했어요. 그래서 지진에 대비한 훈련도 강화되고 있지요. 그러면 이런 지진은 어떻게 일어나는 것일까요?

## 판 구조론

지구에서 일어나는 여러 가지 자연 재해 중 지권이 우리 삶에 영향을 주는 대표적인 것은 지진과 화산이에요. 세계 지도에 지진이 발생한 지점과 화산 활동이 일어나는 지점을 표시해 보면 모든 지역에서 골고루 발생하는 것이 아니라 특정 지역에 집중되어 있는 것을 볼 수 있어요. 이때 지진이 자주 발생하는 지역을 **지진대**, 화산 활동이 자주 일어

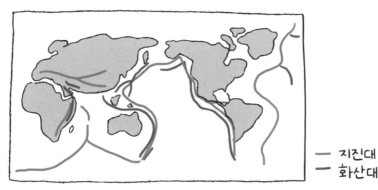

── 지진대
── 화산대

▲ 화산대와 지진대

나는 지역을 화산대라고 해요. 그런데 그림에서 보는 것처럼 지진대와
화산대는 거의 일치해요. 지진과 화산 활동이 이런 특징을 보이는 까닭
은 무엇일까요?

지권은 지각, 맨틀, 외핵, 내핵으
로 구성되어 있어요. 이 중 지각과
상부 맨틀을 포함한 두께 약 100 km
의 부분을 암석권이라고 해요. 그리
고 암석권은 퍼즐 조각처럼 여러 개
의 조각으로 나뉘어 있는데 이 조각

을 판이라고 해요. 즉, 판은 지구의 겉부분이 조각난 것이지요.

판은 대륙 지각을 포함한 밀도가 작은 대륙판과, 해양 지각을 포함
한 밀도가 큰 해양판으로 구분해요. 그리고 암석권 아래의 약 100 km
~400 km 부분은 맨틀이 부분적으로 녹아 있어서 대류가 일어나는데,
이 부분을 연약권이라고 해요.

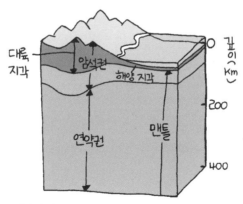

▲ 지권의 구조

그러면 연약권에서 대류가 일어날 때 그 위에 있는 판에는 어떤 일이
일어날까요? 대류하는 맨틀 위에 떠 있는 판들은 서로 다른 방향으로

▲ 지구의 판

매우 느린 속도로 움직여요. 그러다가 판과 판이 서로 충돌하거나 엇갈려 지나거나 갈라지게 되는데, 이 판과 판의 경계에서 지진이나 화산 활동 등 여러 가지 지각 변동이 발생하는 것이에요. 이와 같이 지각 변동의 원인을 판의 운동으로 설명하는 이론을 **판 구조론**이라고 해요. 판을 움직이는 에너지원은 지구 내부 에너지예요.

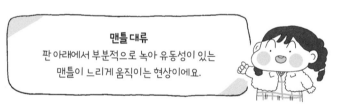

**맨틀 대류**
판 아래에서 부분적으로 녹아 유동성이 있는
맨틀이 느리게 움직이는 현상이에요.

판과 판의 경계에는 발산형 경계, 수렴형 경계, 보존형 경계가 있어요.
**발산형 경계**는 말 그대로 두 판이 서로 멀어지는 경계로 맨틀 대류가 상승하는 곳에서 볼 수 있어요. 맨틀 물질이 상승하면 어떤 일이 일어날까요? 상승한 마그마가 굳어서 새로운 지각이 만들어지고, 이렇게 형성된 지각이 양쪽으로 이동하며 서로 멀어져요. 마그마가 상승하는 곳에서는 해저 산맥인 해령과 V자 모양의 골짜기인 열곡이 생성돼요. 발산형 경계에서는 마그마의 상승으로 인해 화산 활동이 자주 일어나고 지하 얕은 곳에서는 지진도 자주 발생해요. 이러한 발산형 경계는 대서양 중앙 해령과 같이 주로 해저에 분포해요. 하지만 아이슬란드나 동아프리카 열곡대처럼 육지에 드러나 있는 경우도 있어 이곳에서는 서로 멀어지는 판을 눈으로 직접 볼 수 있어요.

**수렴형 경계**는 두 판이 서로 가까워지는 경계로 맨틀 대류가 하강하는 곳에서 나타나요. 이곳에서는 양쪽에서 이동해 온 두 판이 서로 충돌하며 다양한 지각 변동이 일어나요.

만일 해양판과 대륙판이 부딪치면 어떻게 될까요? 해양판은 대륙판보다 밀도가 커요. 따라서 해양판이 대륙판의 아래로 미끄러져 들어가서(섭입) 소멸하게 되는데, 이런 형태의 수렴형 경계를 **섭입형 경계**라고해요. 이곳에서는 판이 미끄러져 들어가는 부분(섭입대)에서 화산 활동과 지진이 자주 발생하며 섭입대를 따라 진원의 깊이가 점점 깊어져요. 그리고 두 판의 경계에 깊은 해저 골짜기인 해구가 형성되고, 두 판이

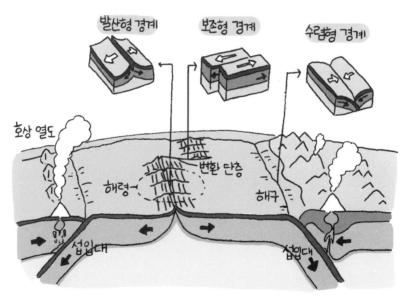

▲ 판의 경계

서로 밀어붙이면서 대륙판 쪽에 높은 습곡 산맥이 형성되기도 하는데 대표적인 것이 남아메리카의 안데스산맥이에요.

해양판과 해양판이 부딪치면 상대적으로 밀도가 큰 해양판이 밀도가 작은 해양판 아래로 들어가면서 해구가 형성돼요. 지구에서 가장 깊은 곳은 태평양판과 필리핀판이 만나서 형성된 마리아나 해구로 깊이가 10000 m가 넘어요. 이 곳에는 해구와 나란하게 화산섬들이 일렬로 배열되어 분포하는데, 이를 **호상 열도**라고 해요.

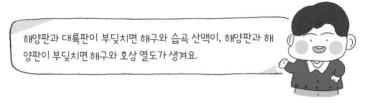

해양판과 대륙판이 부딪치면 해구와 습곡 산맥이, 해양판과 해양판이 부딪치면 해구와 호상 열도가 생겨요.

그러면 밀도가 같은 대륙판끼리 부딪치는 곳에서는 어떤 일이 일어날까요? 이때는 두 판이 서로 충돌하여 밀어붙이면서 높은 습곡 산맥이 형성돼요. 이런 형태의 수렴형 경계를 **충돌형 경계**라고 해요. 이 지역에서는 지진이 자주 발생하지만 화산 활동은 거의 일어나지 않아요. 대표적인 예가 유라시아판과 인도판의 충돌로 형성된 히말라야산맥이에요.

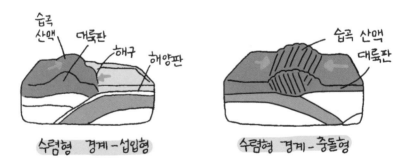

수렴형 경계 - 섭입형      수렴형 경계 - 충돌형

**보존형 경계**는 판의 생성이나 소멸 없이 반대 방향으로 스쳐 지나가는 경계를 말해요. 이곳에서는 변환 단층이 발달하며 지진이 자주 발생

하지만 화산 활동은 거의 일어나지 않아요. 변환 단층은 대부분 해저에 존재하지만 산안드레아스 단층처럼 육지에서 볼 수 있는 곳도 있어요. 1906년 규모 약 7.9의 샌프란시스코 대지진이 발생했는데 바로 이 산안드레아스 단층의 활동 때문이었어요.

이렇게 판의 경계에서는 다양한 지형이 형성되며 지진과 화산 활동 등의 지각 변동이 일어나고 있어요.

**판의 경계**
- 발산형 경계: 해령과 열곡대
- 수렴형 경계: 해구, 호상 열도, 습곡 산맥
- 보존형 경계: 변환 단층

**내신 필수 체크**

1 발산형, 수렴형, 보존형 경계 중 새로운 지각이 형성되는 판의 경계는 무엇인가?
2 해양판과 대륙판이 충돌할 때 형성되는 바다 밑의 깊은 골짜기를 무엇이라고 하는가?

답 1. 발산형 경계 2. 해구

## 화산 활동과 지진의 영향

몇 년 전부터 백두산 폭발 가능성에 대한 이야기가 많이 나오고 있어요. 그런데 정말 그런 일이 발생하면 어떻게 될까요? 화산이 폭발하면 우리에게, 그리고 지구 시스템에 어떤 영향을 줄까요?

화산 활동이 일어나면 화산재와 같은 화산 쇄설물을 비롯하여 암석의 용융 물질인 용암, 수증기나 이산화 탄소와 같은 화산 가스 등 다양한 물질이 분출돼요.

▲ 화산 분출물

　화산 분출시 화산 주변의 지역은 화산 쇄설물과 용암이 덮치면서 피해가 발생해요. 그리고 만일 화산재나 화산 가스가 기권의 성층권까지 올라간다면 안정한 성층권에 오랜 시간 동안 머물면서 햇빛을 반사하기 때문에 지구의 평균 온도가 낮아져요. 1815년 인도네시아 탐보라 화산이 폭발했을 때는 지구의 평균 기온이 0.4~0.7 ℃나 낮아졌고 이듬해 여름에는 미국에 눈이 내릴 정도였다고 해요. 또한, 기권으로 방출된 화산 가스로 인해 산성비가 내려 피해가 발생하기도 해요.

　그런데 화산 활동은 우리에게 피해만 주는 것은 아니에요. 화산 활동으로 멋진 경관이 만들어지거나 온천이 발달해 관광 자원으로 이용되기도 하고, 화산 지역에서 지열 발전을 할 수도 있어요. 마그마가 굳으면서 유용한 광물 자원이 만들어지기도 하지요. 그리고 화산재가 쌓이면 단기적으로는 농작물에 피해를 주지만 화산재로부터 식물 생장에 필요한 성분이 토양에 공급되어 장기적으로는 농사짓기 좋은 비옥한 토양이 만들어져요.

▲ 용암 분출로 만들어진 제주도 주상 절리    ▲ 화산 지역의 온천

　그러면 지진이 발생하면 어떤 피해가 발생할까요? 땅이 흔들리면서 산사태가 발생하거나 건물, 도로 등이 파괴돼요. 이로 인해 정전, 가스 누출, 화재 등의 2차 피해도 발생해요. 만일 바다 밑에서 큰 지진이 발생하면 지진 해일(쓰나미)이 발생할 수도 있어요.

　지진이 발생하면 그 충격이 파동의 형태로 전파되는데 이를 지진파라고 해요. 이 지진파를 이용하여 지구 내부 구조를 파악할 수 있어요. 지권의 구조가 지각, 맨틀, 외핵, 내핵으로 이루어졌음을 알게 된 것도 지진파의 연구 덕분이에요.

**지진의 영향**
- 건물 파괴, 지진 해일
- 지진파 연구로 지구 내부 구조 파악

**내신 필수 체크**

1 대규모 화산 활동으로 화산재가 성층권에 분출되면 지구의 평균 기온은 어떻게 되는가?

2 해저 지진에 의해 지진 해일(쓰나미)이 발생하는 것은 지구 시스템의 어느 구성 요소 사이의 상호 작용인가?

답 1. 낮아진다. 2. 지권과 수권

| 판 경계 | 모형 | 지형 | 예 |
|---|---|---|---|
| 발산형 | | 해령,<br>열곡,<br>열곡대 | 동아프리카 열곡대(아프리카 대륙에 발달한 발산형 경계로 대륙이 갈라지고 있는 곳) |
| 수렴형 | <br>수렴형 경계-충돌형<br><br>수렴형 경계-섭입형 | 습곡 산맥,<br>해구,<br>호상 열도 | 히말라야산맥(유라시아판과 인도판의 충돌로 형성된 습곡 산맥) |
| 보존형 | | 변환 단층 | 산안드레아스 단층(북아메리카판과 태평양판이 서로 엇갈려 지나가며 형성된 변환 단층) |

## 미리보는 탐구 서·논술

◾ 다음은 백두산이 폭발할 경우 발생할 수 있는 가상 시나리오이다.

- 화산재가 비처럼 쏟아져서 주변 지역을 뒤덮고, 산불이 발생한다.
- 천지에서 흘러넘친 물로 인해 홍수가 발생하고, 화산 이류가 주변 지역을 매몰시킨다.
- 도로, 댐, 전기 시설 등이 마비되며 생태계가 파괴된다.
- 화산재로 인해 호흡기 질환자가 증가하고, 항공 운항과 운송에 차질이 생긴다.
- 화산재가 성층권까지 올라가 지구의 평균 기온이 낮아진다.

**1** 백두산 폭발로 발생할 수 있는 환경적, 사회적, 경제적 피해에는 어떤 것이 있는지 작성해 보자.

| 피해 종류 | 피해 내용 |
|---|---|
| 환경적 | |
| 사회적 | |
| 경제적 | |

**2** 화산 분출의 피해를 줄일 수 있는 방법을 조사해 보자.

---

✏️ **예시답안**

**1**

| 환경적 | 화산재, 산불, 화산 이류, 화산 쇄설류 등에 의해 농작물과 생태계가 피해를 입고, 햇빛이 차단되어 기온이 내려간다. |
|---|---|
| 사회적 | 도로, 댐, 전기 시설 등이 마비되어 교통과 각종 산업이 타격을 입고, 호흡기 질환을 앓는 환자가 증가할 것이다. |
| 경제적 | 농경지가 파괴되고, 기온이 내려가 작물의 생산력이 떨어지며, 관광을 비롯한 여러 산업 분야에 피해가 발생할 것이다. |

**2** 화산 주변에 제방을 쌓으면 화산 이류에 의한 피해를 줄일 수 있다.
용암에 물을 뿌려 굳어지게 하면 용암의 이동 속도를 늦추거나 용암의 이동 경로를 조절하여 피해를 줄일 수 있다.

**2부**

**시스템과 상호 작용**

2부_시스템과 상호 작용

# V

# 생명 시스템

# 생명 시스템의 기본 단위

세상에서 가장 작은 도시, 세포!

세상에서 가장 작은 새가 뭔지 아나요? 그것은 벌처럼 날면서 꿀을 먹는 벌새예요. 벌새는 크기는 작지만 비행 능력은 아주 탁월해요. 특히 1초에 60번 정도 빠르게 날개를 움직여서 공중에서 정지한 상태로 꽃의 꿀을 먹는답니다. 이렇게 움직이기 위해 벌새의 몸에서는 어떤 일이 일어날까요?

## 세포

생명체에서 여러 요소가 체계적으로 상호 작용하는 시스템을 **생명 시스템**이라고 해요. 생명 시스템, 즉 생명체를 이루는 기본 단위는 **세포**에요. 사람의 몸은 약 70조 개의 세포로 구성되어 있고, 세포 하나하나의 크기는 매우 작아서 맨눈으로는 보기가 어려워요.

세포의 크기는 매우 작지만 한 개의 세포가 생명체를 이루기도 해요. 우리 주변에서 볼 수 있는 대부분의 생물은 여러 개의 세포로 이루어진 다세포 생물이에요. 생명체가 하나의 시스템을 이루어 효율적으로 상호 작용하면서 생존할 수 있도록 여러 생명 현상이 세포에서 일어나고 있어요. 그럼 이런 세포는 어떻게 이루어져 있는지 동물 세포와 식물 세포로 알아볼까요?

동물 세포와 식물 세포는 핵과 여러 세포 소기관이 들어 있는 세포질, 그리고 세포를 둘러싸고 있으면서 세포 안팎으로 물질의 출입을 조절하는 **세포막**이 있어요.

핵에는 유전 물질인 DNA가 들어 있어서 생명 활동을 조절해요. 세포질 속에 들어 있는 세포 소기관에는 여러 가지가 있어요. 우선, 세포 호흡이 일어나 생명 활동에 필요한 에너지를 생산하는 **미토콘드리아**가 있고, DNA의 유전 정보에 따라 단백질을 합성하는 **리보솜**이 있으며, 이때 만들어진 단백질을 수송하는 **소포체**가 있어요. 그리고 식물 세포에는 광합성이 일어나는 장소인 **엽록체**와 세포막 바깥쪽을 싸고 있으면서 세포를 보호하고 형태를 유지하는 **세포벽**이 있어요.

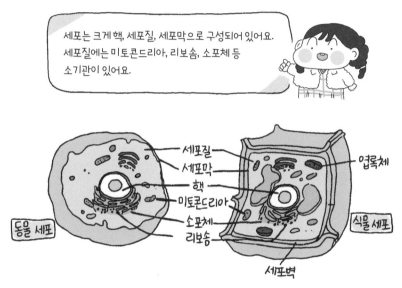

세포는 크게 핵, 세포질, 세포막으로 구성되어 있어요.
세포질에는 미토콘드리아, 리보솜, 소포체 등
소기관이 있어요.

▲ 동물 세포와 식물 세포에는 다양한 세포 소기관이 공통적으로 들어 있고, 엽록체와 세포벽은 식물 세포에만 있다.

마치 세포라는 도시가 있을 때, 시민의 생활을 조절하고 유지하는 핵심 기관인 시청이 핵이고, 에너지를 생산하는 발전소가 미토콘드리아이며, 사람들이 필요로 하는 물건을 생산하는 공장이 리보솜이며, 만들어진 제품을 수송하는 통로인 도로가 소포체이고, 제품을 만들 때 필요한 재료가 들어오고 나가는 검색대가 세포막이라고 생각하면 세포를 이해하기 쉬울 거예요. 이처럼 세포를 이루는 각 소기관의 다양한 기능과 상호 작용을 통해서 세포로 이루어진 생명체의 생명 시스템은 잘 유지되는 것이에요.

그림은 동물 세포의 구조를 나타낸 것이다. 설명에 해당하는 곳의 기호와 명칭을 쓰시오.

(1) 단백질을 합성한다.

(2) 생명 활동에 필요한 에너지를 생산한다.

(3) DNA가 들어 있어서 생명 활동을 조절한다.

(4) 세포를 둘러싸고 있으면서 세포 안팎으로 물질의 출입을 조절한다.

답 (1) A, 리보솜 (2) C, 미토콘드리아 (3) B, 핵 (4) D, 세포막

## 세포막의 구조

세포막은 세포의 안과 밖을 구분하는 경계가 되는 막으로, 생명 활동이 일어나는 세포의 내부를 보호하는 역할을 해요. 세포막은 외부와 단절된 경계막이 아니라, 세포 외부에서 필요한 물질을 받아들이고, 세포 내부에서 생겨난 노폐물은 밖으로 내보내는 역할을 하고 있어요. 이러한 일이 가능한 것은 세포막을 구성하는 성분과 구조 때문이에요. 세포막의 주성분은 **인지질과 단백질**이에요. 단백질은 잘 알고 있지만, 인지질은 낯설지요?

인지질이라는 것은 지방처럼 지질의 한 종류예요. 인지질은 물과 잘 섞이는 친수성 부분과 물과 잘 섞이지 않는 소수성 부분으로 되어 있어요. 세포의 안과 밖은 모두 물이 풍부하기 때문에 인지질이 세포막을

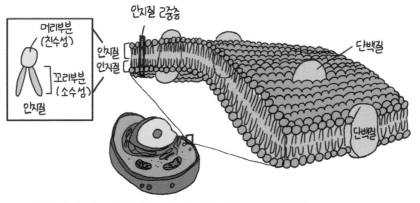

▲ 세포막은 인지질 2중층 구조 사이사이에 단백질이 관통하고 있는 구조이다.

구성할 때, 인지질의 친수성 부분이 세포막의 양쪽 바깥으로 배열되고, 물과 잘 섞이지 않는 소수성 부분은 안쪽으로 서로 마주 보며 배열된답니다. 따라서 세포막은 **인지질 2중층 구조**를 이루고 있고, 인지질 2중층 곳곳에 단백질이 세포막을 관통하면서 퍼져있어요.

세포막을 통해 물질이 이동할 때 물질의 종류나 크기에 따라서 어떤 물질은 잘 투과시키고, 어떤 물질은 잘 투과시키지 않는 특징이 나타나요. 이러한 세포막의 특성을 **선택적 투과성**이라고 해요. 즉, 세포막은 모든 물질을 다 통과시키는 것이 아니라, 자신의 특징에 맞는 물질만 선택해서 투과, 즉 통과시킨다는 것이에요. 어떤 물질이 어떻게 세포막을 통과하는지 알아볼까요?

**내신 필수 체크**

세포막을 구성하는 주성분은 무엇인지 쓰시오.

답 인지질, 단백질

## 세포막의 기능(확산)

세포막을 통과하는 방법 중 하나는 확산이에요. **확산은 물질이 농도가 높은 쪽에서 농도가 낮은 쪽으로 이동하는 현상이에요.** 산소, 이산화 탄소와 같은 물질이 세포막의 인지질 사이를 통과할 때나 물, 포도당 같은 물질이 세포막의 단백질을 통과할 때 확산이 일어나요.

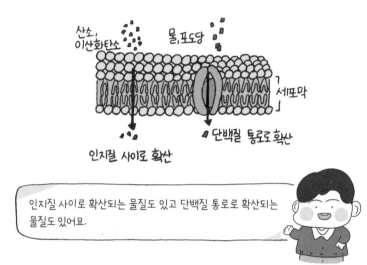

인지질 사이로 확산되는 물질도 있고 단백질 통로로 확산되는 물질도 있어요.

먼저 산소와 이산화 탄소처럼 분자의 크기가 매우 작은 물질은 세포막을 경계로 농도가 높은 쪽에서 낮은 쪽으로 세포막의 인지질 2중층을 통해 확산돼요. 예를 들어, 산소는 산소가 풍부한 폐포에서 상대적으로 산소가 적은 모세혈관 쪽으로 확산되는데, 이때 세포막의 인지질 2중층 사이로 산소가 이동하는 것이에요.

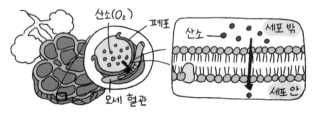

▲ 폐포에서 산소의 확산은 인지질 2중층 사이로 일어난다.

반면, 전하를 띠고 있는 이온이나 물에 잘 녹는 포도당 같은 물질은 인지질 2중층을 직접 통과하기 어려워요. 따라서 이러한 물질은 세포막을 관통하고 있는 단백질을 통로로 이용해서 확산이 일어나요. 예를 들어, 혈액 속의 포도당이 조직 세포로 이동할 때는 단백질을 통로로 하여 포도당 농도가 높은 혈액 쪽에서 포도당 농도가 낮은 조직 세포 안으로 이동하는 것이에요.

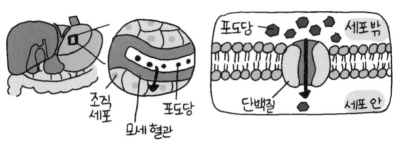

▲ 포도당은 세포막을 경계로 포도당이 많은 쪽에서 포도당이 적은 쪽으로 단백질 통로를 이용하여 확산한다.

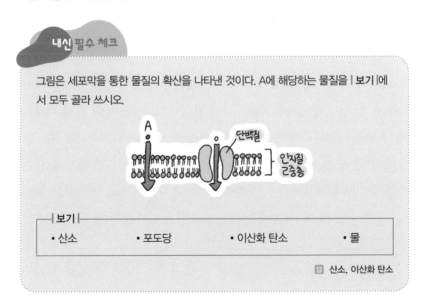

**내신 필수 체크**

그림은 세포막을 통한 물질의 확산을 나타낸 것이다. A에 해당하는 물질을 |보기|에서 모두 골라 쓰시오.

|보기|
• 산소          • 포도당          • 이산화 탄소          • 물

🔠 산소, 이산화 탄소

## 세포막의 기능(삼투)

세포막을 통해 물질이 이동하는 또 다른 방법은 삼투라는 것이에요. **삼투**는 세포막을 경계로 농도가 낮은 쪽에서 농도가 높은 쪽으로 물 분자가 이동하는 현상이에요. 확산은 고농도에서 저농도로 물질이 이동하는 것이고, 삼투는 저농도에서 고농도로 물이 이동하는 것이에요.

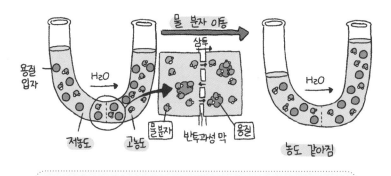

크기가 큰 용질 입자는 반투과성 막을 통과하지 못하고 물 분자가 이동해요.

▲ 삼투

그림에서 보듯이 세포막과 같은 선택적 투과성을 가진 반투과성 막을 사이에 두고, 농도 차이가 나면 용질이 고농도에서 저농도로 이동하면서 확산이 일어나야 해요. 이때 용질의 크기가 너무 커서 세포막의 구멍을 빠져나오지 못한다면, 계속 농도 차이가 나도록 할 수는 없으므로, 용질 대신 물이 이동하는 것이에요. 세포막을 경계로 농도 차이를 줄이기 위해 물이 이동한다면 고농도는 물이 적고, 저농도는 물이 많으므로, 저농도에 있는 물이 고농도로 이동해야만 농도 차이를 줄일 수 있겠지요?

동물의 적혈구를 농도가 다른 세 가지 용액에 각각 넣어 보면 삼투 현상을 관찰할 수 있어요. 적혈구와 같은 농도의 용액에서는 적혈구의

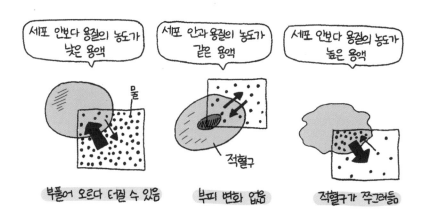

세포 안보다 용질의 농도가 낮은 용액

세포 안과 용질의 농도가 같은 용액

세포 안보다 용질의 농도가 높은 용액

물

적혈구

부풀어 오르다 터질 수 있음

부피 변화 없음

적혈구가 쭈그러듦

모양이 그대로지만 적혈구보다 농도가 낮은 용액에 적혈구를 넣었을 때는 저농도인 외부에서 고농도인 적혈구 안쪽으로 물이 이동하므로 적혈구가 팽팽하게 부풀어 오르다가 결국 터져 버린답니다. 반면, 농도가 높은 용액에 적혈구를 넣었을 때는 저농도인 적혈구에서 고농도인 외부로 물이 빠져나오면서 적혈구가 쭈그러드는 것을 볼 수 있어요.

이러한 세포막의 기능을 통해 세포가 필요한 물질은 외부에서 공급받고, 세포에서 생겨난 노폐물은 외부로 배출하는 것이에요. 이렇게 세포막을 통해 물질과 물이 선택적으로 투과되면서 물질이 세포 안팎으로 출입하는 것이 조절되어 세포는 생명 활동을 원활하게 수행하는 것이에요.

**내신 필수 체크**

다음에서 설명하는 세포막을 통한 물질의 이동 원리를 각각 쓰시오.

(1) 물질이 농도가 높은 쪽에서 농도가 낮은 쪽으로 이동하는 현상

(2) 세포막을 경계로 농도가 낮은 쪽에서 농도가 높은 쪽으로 물이 이동하는 현상

답 (1) 확산, (2) 삼투

## 미리보는 탐구 STAGRAM

### 세포막을 통한 물질의 이동

① 증류수, 10 % 설탕 용액, 20 % 설탕 용액
이 각각 담긴 페트리 접시에 붉은 양파 표
피 조각을 10분 정도 담가 둔다.

② 양파 표피 조각을 꺼내어 현미경 표본을 만들
고 현미경으로 관찰한다.

각 용액의 농도는 양파 세포 안의 농도와 비교할 때 어떤 차이가 있나요?

> 증류수는 양파 세포 안보다 농도가 낮고, 10 % 설탕 용액은 농도가
> 비슷하고, 20 % 설탕 용액은 농도가 더 높아요.

현미경으로 관찰한 양파 세포에서는 각각 어떤 특징이 나타나나요?

> 세포 안보다 증류수의 농도가 더 낮으므로 삼투에 의해 물이 세포
> 안으로 들어와 세포가 커지지만, 동물 세포와는 다르게 세포벽이 있
> 어서 터지지는 않아요. 그리고 세포 안과 거의 비슷한 농도인 10 %
> 설탕 용액에서는 거의 변화가 없어요. 세포 안보다 농도가 높은 20 %
> 설탕 용액에서는 삼투에 의해 세포 안의 물이 바깥으로 빠져나오면
> 서 세포질이 수축하여 세포막이 세포벽으로부터 분리돼요.

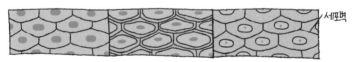

증류수에 넣었을 때    10 % 설탕 용액에 넣었을 때    20 % 설탕 용액에 넣었을 때

새로운 댓글을 작성해 주세요.    등록

✎ 이것만은!
• 세포는 외부 환경과의 농도 차에 따라 세포막을 경계로 삼투에 의해 물이 유입되거나 유
출되면서 세포막이 늘어나거나 줄어들 수 있다.
• 세포 안보다 농도가 낮은 용액에서 동물 세포는 부피가 팽창하면서 터지지만 식물 세포
는 세포벽이 있어서 터지지는 않는다.

# 14 물질대사와 효소

생명 현상의 윤활유~ 효소!

우유를 좋아하고 잘 마시나요? 어떤 사람은 우유를 마시면 속이 더부룩하고 설사까지 하는 경우가 있어요. 이것은 몸 안에서 우유를 소화시키는 물질이 부족하기 때문이라고 해요. 생명체 안에서 이런 물질들이 어떤 역할을 하는지 알아볼까요?

## 물질대사

생명체가 건강하게 살아가기 위해서는 생명 시스템이 원활하게 유지되어야 하고, 그러기 위해서는 생명 활동에 필요한 에너지가 계속 공급되어야 해요. 또, 생명체가 흡수한 영양소는 생명체가 필요로 하는 물질로 합성되어야 해요. 이때 생명체 안에서는 여러 가지 화학 반응이 일어나는데, 이와 같이 생명을 유지하기 위해서 생명체 내에서 일어나는 모든 화학 반응을 물질대사라고 해요.

물질대사는 화학 반응이지만 생명체의 몸 안에서 일어나므로 생명체 밖에서 일어나는 일반적인 화학 반응과는 차이가 있어요. 예를 들어, 몸 밖에서는 포도당을 태우는 화학 반응이 일어날 때, 400 °C 이상의 높은 온도에서 산소와 격렬하게 반응하여 빛과 열을 내요. 하지만 몸 안에서 포도당이 산소와 결합하는 화학 반응이 일어날 때는 낮은 온도에서 서서히 에너지를 방출하며 반응이 일어나는 것이에요. 몸 안에서 일어나는 물질대사는 크게 두 가지로 물질을 분해하는 반응과 물질

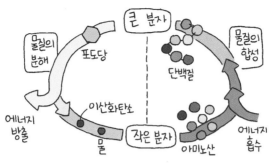

▲ 물질대사

을 합성하는 반응이 있어요.

물질의 분해는 크고 복잡한 분자를 작고 간단한 분자로 분해하는 반응으로, 이때 큰 분자에 저장되어 있던 에너지가 빠져나오면서 에너지가 방출돼요. 대표적인 예로 세포 안에서 포도당이 물과 이산화 탄소로 분해되는 것이나 우리가 먹은 음식물 속의 큰 영양소가 작은 영양소로 분해되는 소화 작용이 있어요. 반면에 물질의 합성은 작고 간단한 분자들이 결합하여 큰 분자로 합성되는 반응으로, 에너지를 흡수하여 에너지를 저장하게 돼요. 대표적인 예로는 식물의 광합성이 있어요. 식물의 엽록체에서는 물과 이산화 탄소 같은 작은 분자를 태양 에너지를 흡수하여 포도당과 같은 큰 분자로 만들어요.

이처럼 생명체는 생명체 안에서 일어나는 물질대사로 생명을 유지하는 데 필요한 물질과 에너지를 얻고 생명 활동을 통해 생명 시스템을 유지하고 있어요.

## 효소(생체 촉매)

　생명 시스템 유지에 필수적인 물질대사는 어떻게 가능한 것일까요? 먼저 물질대사가 일어나려면 화학 반응을 일으킬 수 있는 충분한 에너지가 공급되어야 해요. 이때 화학 반응이 일어나기 위해 필요한 최소한의 에너지를 **활성화 에너지**라고 해요. 활성화 에너지가 낮으면 쉽게 반응하면서 반응이 빨라진답니다.

> 활성화 에너지는 일종의 에너지 장벽이에요. 물질대사라는 화학 반응이 일어나기 위해 넘어야 할 에너지 산이라고 할 수 있는데, 산이 낮으면 반응이 쉽게 일어나겠죠?

　생명체 내에는 활성화 에너지를 낮추어 주면서 화학 반응을 빠르게 하는 **효소**라는 물질이 있어요. 효소는 생체 내에서 만들어져서 반응의 속도를 빠르게 하므로 **생체 촉매**라고 불러요. 효소는 생명 활동에 필요한 많은 화학 반응이 체온 정도의 온도에서 빠르게 일어나도록 하는 것이에요.

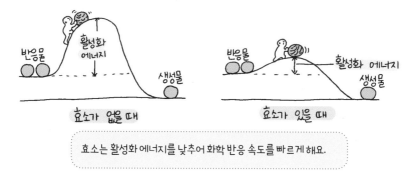

> 효소는 활성화 에너지를 낮추어 화학 반응 속도를 빠르게 해요.

▲ 효소가 없을 때와 있을 때의 활성화 에너지 비유

효소는 어떻게 이러한 작용을 할 수 있을까요? 우선, 효소의 주성분은 단백질이에요. 그래서 다른 단백질처럼 효소도 독특한 입체 구조를 가지고 있고, 그림과 같이 반응물과 결합할 수 있는 부위가 있어요. 효소는 물질대사라는 화학 반응을 촉진하는 과정에서 이 부위에 들어맞는 반응물과 일시적으로 결합하여 활성화 에너지를 낮추는 것이에요.

효소의 촉매 작용은 그림과 같이 이해할 수 있어요. 첫째, 효소는 구조가 맞는 반응물하고만 결합하여 반응해요. 둘째, 효소는 반응 후에는 반응 전과 같은 상태가 되므로 다시 반응물과 결합하여 촉매 작용을 반복할 수 있어요.

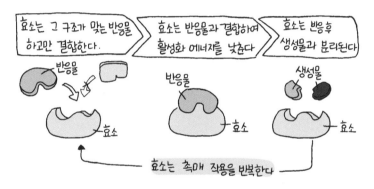

예를 들면, 아밀레이스는 침 속에 들어 있는 소화 효소예요. 아밀레이스는 녹말은 분해하지만 단백질은 분해하지 못해요. 이것은 아밀레이스의 구조가 녹말과는 맞아서 결합하여 분해하지만 단백질과는 맞지 않기 때문이에요. 즉, 녹말에서는 아밀레이스가 소화 작용을 일으키지만 단백질과는 아무런 반응이 일어나지 않아요. 자물쇠를 풀려고 할 때 모양이 꼭 맞는 열쇠를 꽂아야 자물쇠가 풀리는 것과 비슷하지요.

생명체가 살아가기 위해서는 다양한 물질대사가 끊임없이 일어나야 하고, 이를 위해서 정말 많은 효소가 작용하고 있어요. 이때 생명체가 필요로 하는 한 종류의 효소라도 부족하면 그 효소가 관여하는 물질대사에 문제가 생긴답니다. 따라서 효소는 생명체가 생명 시스템을 유지하는 데 매우 중요해요.

효소가 관여하는 생명 현상에는 어떤 것이 있을까요? 대표적인 예를 살펴보면, 간에서 인체에 해로운 물질을 분해할 때에도 효소가 작용하고, 우리가 섭취한 음식물 속의 영양소를 몸이 흡수할 정도의 작은 크기로 분해할 때도 효소가 작용해요. 성장기 청소년들의 키가 자랄 수 있도록 근육이나 뼈 등을 이루는 단백질, 지방, 칼슘 등의 성분을 합성하는 데에도 효소가 관여해요. 또한, 상처로 인해 피가 날 때에도 혈액이 응고되도록 효소가 작용하여 출혈을 방지해준답니다.

간에서 독성 물질 분해    소화 기관에서
                        영양소 분해

생장에 필요한         상처가 났을 때
물질 합성            혈액 응고

▲ 효소가 관여하는 생명 현상

## 효소의 활용

효소는 우리 생활 속에서도 많이 이용되는데, 요리할 때 고기에 키위나 배와 같은 과일을 갈아서 넣는 것을 볼 수 있어요. 이것은 과일 속의 효소가 고기의 단백질을 분해하는 작용을 하면서 고기가 연하고 부드러워지는 것이에요. 이 외에도 효소는 된장이나 김치와 같은 발효 식품을 만드는 데도 이용하고 빵을 부풀릴 때도 이용해요. 뿐만 아니라 소화제와 같은 의약품이나 치약이나 세제 등의 화학 제품을 만들 때도 널리 사용되고 있어요.

식품

된장, 김치 등의 발효 식품은 미생물이 가진 효소의 작용으로 만들어진다.

생활용품

세제에 들어 있는 단백질 분해 효소가 찌든 때 성분인 단백질을 분해한다.

의약품

소화제 등 의약품의 성분에 효소가 들어 있다.

내신 필수 체크

1  생명체 내에서 일어나는 모든 화학 반응을 (        )라고 한다.
2  생명체 내에서 일어나는 화학 반응이 생명체 밖의 화학 반응보다 낮은 온도에서 일어날 수 있는 것은 (        )가 (            )를 낮추어 주기 때문이다.
3  효소의 주성분은 무엇인가?

답 1. 물질대사  2. 효소, 활성화 에너지  3. 단백질

## 미리 보는 탐구 STAGRAM

### 효소의 기능

① 시험관 A, B, C에 과산화 수소수를 3 mL씩 넣은 후, 시험관 A는 그대로 두고, B에는 생간 조각을, C에는 감자 조각을 넣고 반응을 관찰한다.

| 시험관 | 결과 |
|--------|------|
| A | 거의 변화 없음 |
| B | 기포가 많이 발생 |
| C | 기포가 많이 발생 |

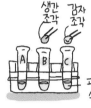

② 불씨만 남은 향불을 시험관 A, B, C에 넣고 반응을 관찰한다.

| 시험관 | 결과 |
|--------|------|
| A | 변화 없거나 불씨 꺼짐 |
| B | 불씨가 빛을 내며 탐 |
| C | 불씨가 빛을 내며 탐 |

 실험 ①에서 시험관 B, C에서만 기포가 많이 발생한 이유는 무엇인가요?

 시험관 B와 C에 들어 있는 생간과 감자에는 카탈레이스라는 효소가 들어 있어 과산화 수소를 빠르게 분해하기 때문에 기포가 많이 발생해요.

 실험 ②에서 시험관 B, C에서 불씨가 빛을 내며 타는 이유는 무엇인가요?

 발생한 기포의 성분이 산소이기 때문이에요.

 새로운 댓글을 작성해 주세요.   [ 등록 ]

**이것만은!**
- 생간과 감자에는 과산화 수소를 분해하는 효소인 카탈레이스가 들어 있다.
- 효소는 화학 반응이 빠르게 일어나게 하는 촉매 역할을 한다.

# 15 세포 내 정보의 흐름

내가 그린 설계도로 작품을 만들어 볼까?

영어로 작성된 메일을 받아본 적이 있나요? 영문 편지를 받게
되면 번역기를 이용해서 뜻을 해석해 볼 수 있을 거예요. 그런데
우리 몸 안의 세포에도 영문 메일을 보내고 번역하는 것과 비슷
한 일이 일어나고 있어요. 과연 어떤 일일까요?

## 유전자와 단백질

강아지는 네발로 움직이고 꼬리가 있으며, 백조는 앞다리 대신 날개
를 가지고 있고 입에는 부리가 있어요. 이처럼 생물은 각자의 특성을
가지고 있는데, 이렇게 생물이 나타내는 특성을 형질이라고 해요. 형
질은 세대를 거듭하면서 자손에게 전달되는데, 어떻게 이러한 일이 가
능한 것일까요? 그것은 생명체 내에 "이 생물은 이러이러한 형질이 있
다."라는 유전 정보를 가지는 물질이 있고, 그 물질이 자손에게 전달되
기 때문이에요. 그 물질은 바로 DNA예요. 특히 유전 정보를 가지는
DNA 위의 특정 부분을 유전자라고 해요.

다양한 형질에 대한 정보는
DNA의 특정 부분인 유전자가
가지고 있어요.

▲ 강아지와 백조의 형질은 다르다.

생명체 내에는 매우 많은 유전자가 있어요. 이 유전자는 어떻게 그 생물의 형질을 나타내는 것일까요? 유전자에 저장된 유전 정보에 따라서 세포에서 다양한 종류의 단백질이 만들어지고, 이 단백질은 효소가 되어 물질대사의 촉매가 되기도 하고, 생명체를 구성하면서 단백질에 의해 털 색깔, 귀 모양, 눈꺼풀 모양 등과 같은 여러 형질을 나타내게 돼요.

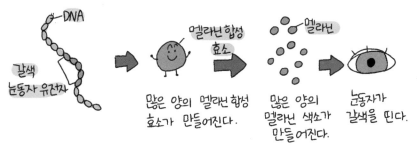

▲ **유전 정보와 단백질 관계** DNA의 유전자에 저장된 형질에 관한 유전 정보에 따라 단백질이 합성되며, 이 단백질의 작용으로 생물의 형질이 나타난다.

DNA의 유전자에 저장된 유전 정보는 설계도라고 할 수 있어요. 유전 정보로 만들어진 단백질이 효소가 되어 물질대사를 통해 다시 몸을 구성하는 물질을 만드는 것은 설계도에 따라 집을 짓는 사람이에요. 유전 정보로 만들어진 단백질이 몸을 구성하는 것은 설계도에 따른 건축 재료로 생각할 수 있어요.

특정한 유전자에 이상이 생긴다면 효소가 부족해지고, 몸을 구성하는 단백질이 잘못 만들어지면서 신체에는 이상 증상이 나타나요. 예를 들어, 헤모글로빈이라는 단백질에 대한 유전 정보를 담고 있는 유전자에 이상이 생기면 헤모글로빈에 이상이 생기게 되어, 적혈구가 찌그러지고 산소를 잘 운반하지 못하게 되면서 빈혈이 나타난답니다.

## 생명 중심 원리

유전자에 저장된 유전 정보로부터 어떻게 단백질이 만들어질까요?

유전 정보는 세포의 핵 속 DNA의 유전자에 저장되어 있고, 단백질을 만드는 곳은 세포질에 있는 리보솜이에요. DNA는 이중 나선으로 분자의 크기가 매우 크므로 핵을 감싸는 핵막을 통과할 수가 없어 DNA의 유전자에 저장된 유전 정보를 세포질의 리보솜에 직접 전달할 수 없어요. 따라서 핵막을 통과할 수 있으면서 유전 정보를 전달할 수 있는 다른 물질이 필요한데, 그것은 바로 RNA예요.

RNA는 DNA처럼 핵산이지만 한 가닥으로 되어 있어서 DNA보다 작아 핵막을 통과할 수 있고, 세포질에 있는 리보솜으로 갈 수 있어요. 세포의 유전 정보는 DNA가 RNA에 복사해 주고, RNA는 이 정보를 리보솜에 전달하고, 리보솜은 유전 정보에 맞는 단백질을 합성하는 것이에요. 이러한 흐름을 생명 중심 원리라고 해요. 이때 핵에서 유전 정보

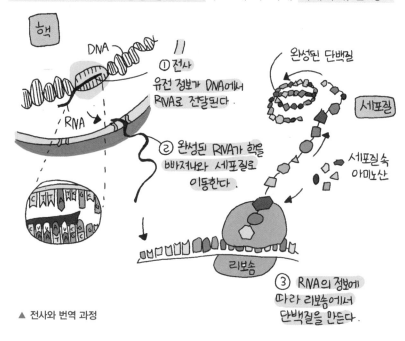

▲ 전사와 번역 과정

가 DNA에서 RNA로 복사되는 과정을 **전사**라고 하고, RNA의 유전 정보에 따라 리보솜에서 단백질이 합성되는 과정을 **번역**이라고 해요. 결국, DNA에 저장된 유전 정보가 원본이고, 복사된 유전 정보가 RNA를 통해 핵막으로 빠져나가서 리보솜에 전달되므로, 유전 정보의 원본인 DNA는 핵 속에서 안전하게 보존되는 것이에요.

**내신 필수 체크**

|보기|는 세포에서 일어나는 일을 설명한 것이다.

┤ 보기 ├
(가) 유전 정보가 DNA에서 RNA로 전달되는 과정이다.
(나) RNA의 유전 정보로 단백질이 합성되는 과정이다.

(가), (나)가 일어나는 장소와 이 과정을 무엇이라고 하는지 각각 쓰시오.

📋 (가) 핵, 전사 (나) 세포질(리보솜), 번역

## 세포 내 유전 정보의 흐름

생명체의 형질을 결정하는 유전 정보는 DNA의 유전자에 어떤 방식으로 저장되어 있을까요? 그리고 어떤 과정을 통해서 RNA로 전사되고, 단백질까지 합성되는 것일까요? 그 비밀은 DNA의 염기 서열에서부터 출발해요.

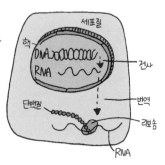

▲ 세포 내 정보의 흐름 과정

DNA는 당–인산–염기로 구성된 뉴클레오타이드가 결합하여 이중 나선 구조를 이루고 있어요. 염기로는 아데닌(A), 구아닌(G), 사이토신(C), 타이민(T)이 있는데, 이들이 특정한 순서로 나열되어 있는 것이에요. 이때 유전 정보는 네 종류의 염기가 어떻게 배열되는지의 순서에 의해서 결정돼요. 특히 DNA의 연속된 3개의 염기 배열이 한 조가 되어서 1개의 아미노산을 지정하게 되고, 이렇게 지정된 아미노산이 모여서 마침내 각각의 단백질이 만들어지는 것이에요. 대략 20여 종의 아미노산이 어떤 순서로 결합하느냐에 따라 각각 다른 단백질이 만들어지는 것이에요.

우선, DNA 유전자의 염기 배열 순서에 따라 특정한 아미노산을 지정해 주고, 이 지정된 아미노산들이 유전 정보의 순서대로 배열되어 결합하면 그 생명체에 필요한 각각의 단백질을 만들게 되는 것이에요. 이때 아미노산 1개를 결정하는 것이 DNA의 연속된 3개의 염기 서열이에요. 예를 들어, 염기가 ACC, AGC, TGG, TTC, GAT 등 3개씩 연속적으로 배열될 때, 각각 1개씩의 아미노산을 지정한다는 뜻이에요.

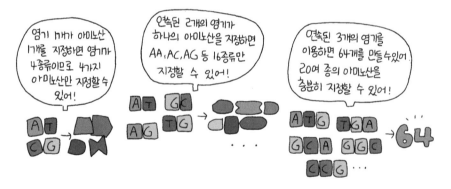

이처럼 DNA의 유전자에서 1개의 아미노산을 지정해 주는 3개의 연속된 염기를 3염기 조합이라고 해요. 3염기 조합은 전사를 통해 RNA에도 저장되는데, 전사가 되어 형성된 RNA의 3염기 조합은 코돈이라고 따로 부른답니다. 그리고 RNA의 코돈에 따라 아미노산이 지정되고, 지정된 아미노산들이 결합하여 단백질이 합성되면서 생물의 형질이 나타나는 것이에요.

## 유전 정보의 전사와 번역

DNA는 이중 나선 구조이므로, 이 중에서 한 가닥으로부터 RNA가 합성되는데, 이때 생성되는 RNA의 염기 서열은 그림과 같이 DNA와 상보적인 염기 서열을 가지게 돼요. 특히 RNA의 염기는 아데닌(A), 구아닌(G), 사이토신(C)은 DNA와 같지만, 타이민(T) 대신 유라실(U)을 가지므로 상보적 결합에서 DNA의 염기가 아데닌(A)이면 RNA는 타이민(T) 대신 유라실(U)이 되는 것이에요.

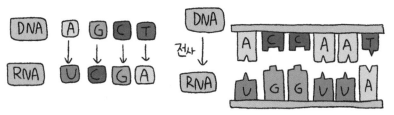

▲ 유전 정보가 전사될 때 DNA 가닥에 상보적인 염기 서열을 가진 RNA가 만들어진다.

이처럼 DNA의 유전 정보는 RNA로 전사되고, RNA의 유전 정보도 DNA의 3염기 조합과 같이 3개의 염기로 이루어진 코돈이 1개의 아미노산을 지정해요. 이렇게 만들어진 RNA는 핵막에 있는 구멍을 통해 빠져나와 세포질로 이동하고, 리보솜과 결합하는 것이에요.

전사는 글이나 그림을 옮겨 베낀다는 의미가 있어요. 따라서 RNA가 생성될 때, 코돈이라는 3개의 염기로 이루어진 상보적 서열로 옮겨지는 것을 글을 옮겨 쓰는 것과 같다고 해서 전사라고 불러요.

리보솜에서는 RNA 코돈의 유전 정보에 따라 단백질이 합성되는데, 이것은 번역이라고 해요.

RNA 코돈의 염기 정보를 해석해서 어떤 아미노산인지를 찾아내고 새롭게 단백질을 합성하는 과정이 다른 언어로 바뀌는 것 같다고 해서 번역이라고 부르는 거예요.

RNA가 리보솜과 결합하게 되면 세포질 속의 아미노산 중 RNA 코돈의 유전 정보에 맞는 아미노산을 찾아서 지정하고, 이러한 아미노산들이 차례로 연결되어 펩타이드 결합으로 연결되면 단백질이 만들어지는 것이에요.

이렇게 만들어진 단백질이 효소가 되어 물질대사를 조절하고, 생명체 몸을 구성하면서 그 생물의 형질을 나타내는 것이에요.

세포 핵 속의 유전 물질인 DNA는 자손에게까지 전달되므로 다음 세대에도 그 생물의 형질이 그대로 나타나면서 생명의 연속성이 유지되는 거예요.

지구에 사는 거의 모든 생명체는 생활 방식이나 모습이 매우 다양하지만 유전 정보를 저장하고 형질을 나타내는 방법은 모두 같아요. 앞에서 살펴본 것과 같이 DNA에 유전 정보를 저장하고, 이 정보를 RNA로 전사하여 RNA를 통해 리보솜에 정보가 전달되어 이 정보를 바탕으로 단백질이 합성되면서 생물의 형질이 나타나는 거예요. 이때 유전 정보가 염기의 배열 순서에 의해서 결정되며, 이 염기 서열에 의해 아미노산이 지정되고, 지정된 아미노산이 결합하여 단백질이 합성되는 과정도 모두 같아요.

**세포 내 유전 정보의 흐름**
DNA에 유전 정보 저장 → 전사 → RNA에 정보 전달 → 번역 → 단백질 합성

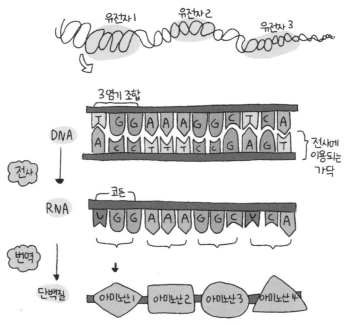

▲ **유전 정보의 흐름** DNA의 염기 서열이 RNA의 코돈으로 전환되고, 코돈이 지정하는 아미노산이 차례대로 결합할 때 단백질이 합성된다.

◉ 그림은 단백질 S의 일부가 세포 내 유전 정보의 흐름에 의해 합성되는 과정을 나타낸 것이다.

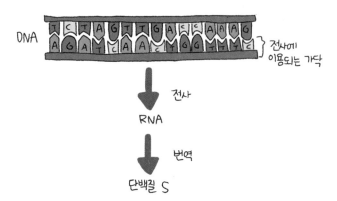

**1** 합성된 RNA의 염기 서열을 순서대로 쓰고, 이와 같은 배열을 가지는 이유를 설명해 보자.

**2** 리보솜에서 합성된 단백질 S를 구성하는 아미노산의 수는 몇 개인지 쓰고, 그 까닭을 설명해 보자.

**3** 붉은색 꽃은 어떻게 붉은색 꽃으로 보이는지 전사와 번역을 이용해 설명해 보자.

✎ **예시답안**

**1** 염기 서열: AGAUCAGCAACUGGUUUC, DNA의 유전 정보가 RNA로 전사될 때, 상보적인 염기 서열을 가진 RNA가 만들어지기 때문이다. 이때 RNA에는 타이민(T)이 없고, 대신 유라실(U)이 있어 아데닌(A)과 상보적인 관계에 있기 때문이다.

**2** 6개, DNA 유전자의 3염기 조합이 1개의 아미노산을 지정하므로, 그림에서 DNA는 18개의 염기가 있으므로 RNA 코돈은 6개가 만들어진다. 이때 6개의 코돈에서 6개의 아미노산이 지정되므로, 6개의 아미노산이 결합하여 단백질 S를 구성한다.

**3** 붉은색 꽃 유전자 정보를 가진 DNA 유전자의 정보가 전사되어 RNA 코돈을 만들고, RNA가 핵막의 구멍으로 빠져나와 세포질의 리보솜과 결합한다. 리보솜은 코돈이 지정한 아미노산을 차례로 결합하여 단백질을 만들고, 이 단백질이 바로 붉은 색소를 합성하는 효소가 된다면, 이 효소에 의해 물질대사가 일어나면서 붉은 색소가 만들어지고, 꽃은 붉은색의 꽃으로 형질을 나타내게 된다.

memo

# VI

# 화학 변화

# 16 산화 환원 반응

산소와 전자를 주거니 받거니~!

사과를 잘라두고 시간이 좀 지난 후에 먹으려고 하면 표면의 색이 변한 것을 볼 수 있어요. 이 현상은 사과의 성분이 공기 중의 산소와 반응을 했기 때문이에요. 우리 주변에는 이렇게 화학 반응으로 변화되는 것을 쉽게 찾아볼 수 있는데 어떤 반응들이 있는지 알아볼까요?

## 산소가 이동하는 산화 환원 반응

지구 대기에서 두 번째로 많은 기체는 산소예요. 산소는 우리 생물의 호흡에도 이용되는 기체죠. 이러한 산소는 다른 물질과 쉽게 반응하는 성질을 가지고 있어요. 그래서 철과 같은 금속을 공기 중에 방치하면 금속이 산소와 결합해서 녹슬게 돼요. 또, 물질을 태우면 물질이 산소와 반응하여 새로운 물질이 된답니다.

예를 들어, 붉은색을 띠는 구리를 겉불꽃에 넣고 가열해 주면 구리가 산소와 결합하면서 검은색의 산화 구리로 변하게 돼요. 이와 같이 물질이 산소와 결합하는 반응을 산화라고 해요. 이것을 화학식으로 쓰면 다음과 같아요.

$$\overset{\text{(산화)}}{\underset{\text{산소 얻음}}{2Cu} + O_2 \longrightarrow 2CuO}$$

(붉은색)                    (검은색)

반면에, 검은색의 산화 구리와 탄소 가루를 섞어서 가열하면 산화 구리가 다시 구리로 되돌아가면서 이산화 탄소가 함께 생겨요. 이때는 산화 구리가 산소를 잃고 구리가 돼요. 이때 물질이 산소를 잃는 반응을 환원이라고 해요.

$$\overset{\overset{\text{(환원)}}{\overbrace{\quad\text{산소 잃음}\quad}}}{2CuO} + C \longrightarrow 2Cu + CO_2$$

화학 반응에서 산소를 잃어버리는 물질이 있다면, 어떤 물질은 이 산소를 얻게 되지요. 따라서 산화와 환원은 항상 동시에 일어나요. 산화 구리가 탄소와 반응하여 환원되는 화학 반응식을 다시 볼까요?

$$\overset{\overset{\text{환원(산소 잃음)}}{\overbrace{\qquad\qquad\qquad}}}{2CuO} + \underset{\text{탄소}}{C} \longrightarrow \underset{\text{구리}}{2Cu} + \underset{\text{이산화 탄소}}{CO_2}$$

산화 구리(Ⅱ)    탄소

산화(산소 얻음)

산화 구리는 산소를 잃고 환원되지만, 탄소는 산화 구리가 내놓은 산소를 얻어서 결합하므로 산화되는 것이에요. 이처럼 산소를 잃는 환원과 산소를 얻는 산화는 항상 동시에 일어남을 알 수 있어요.

- 물질이 산소와 결합하면 산화, 산소를 잃으면 환원이에요.
- 산화 환원 반응에서 산화와 환원은 항상 동시에 일어나요.

## 전자가 이동하는 산화 환원 반응

금속 판에 부식액으로 그림을 그려서 금속 부분을 녹여서 판화로 만

들어 물감을 발라 종이에 찍어내는 에칭 판화라
는 것이 있어요. 이때 금속이 부식액에 의해서
녹는 화학 반응이 일어나는데, 이 반응도 역시
산화 환원 반응이에요. 이때는 전자가 이동하면
서 산화 환원 반응이 일어나게 돼요. 이런 산화
환원 반응에서는 전자를 잃는 반응을 산화라고
하고, 전자를 얻는 반응을 환원이라고 해요.

▲ 에칭 기법으로 만든 렘
브란트의 놀란 눈의 자
화상

무색의 질산 은($AgNO_3$) 수용액에 구리(Cu) 선을 넣으면 구리 선 표
면에 은이 석출되고 용액은 푸른색으로 변하게 되는데, 이것은 질산 은
수용액에 녹아 있는 은 이온($Ag^+$)과 금속 구리 사이에 전자의 이동이
있었기 때문이에요. 금속 구리는 붉은색이고 구리 이온은 푸른색을 띠
는데, 금속 구리가 전자를 내놓고 구리 이온이 되어 용액 속으로 녹아
들어갈 때 푸른색이 나타나게 돼요. 구리로부터 전자를 얻은 은 이온
($Ag^+$)은 구리 표면에 달라붙어 석출되는 것이에요.

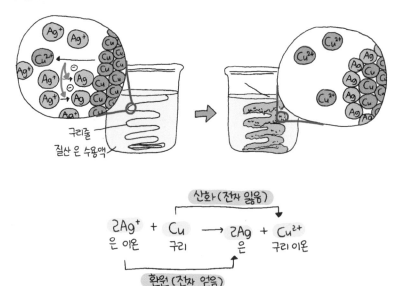

전자가 이동하는 산화 환원 반응도 한 물질이 전자를 잃고 산화되면 다른 물질은 그 전자를 얻어 환원되므로, 산화 환원 반응은 동시에 일어남을 알 수 있어요.

| 이동 | 산화 | 환원 |
|------|------|------|
| 산소 | 산소 얻음 | 산소 잃음 |
| 전자 | 전자 잃음 | 전자 얻음 |

## 산소가 이동하는 산화 환원 반응을 전자 이동으로 설명하기

산소가 이동하는 산화 환원 반응을 전자의 이동으로 설명할 수 있어요. 예를 들어, 금속 마그네슘을 공기 중에서 가열하면 마그네슘은 산소와 결합하여 산화되면서 검은색의 산화 마그네슘이 돼요.

$$2Mg + O_2 \rightarrow 2MgO$$
산화(산소 얻음)

이것을 전자의 이동으로 살펴보면, 그림과 같아요.

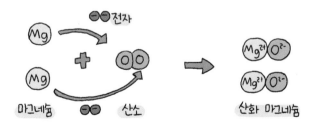

마그네슘은 전자 2개를 잃고 마그네슘 이온이 되고, 산소는 마그네슘이 잃은 전자 2개를 얻어 산화 이온이 되면서, 두 이온이 결합하여 산화

마그네슘이 생성돼요. 이처럼 산화 마그네슘이 생성되는 산화 환원 반응을 전자의 이동으로도 설명할 수 있어요.

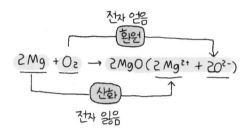

## 연료의 연소와 철의 제련

우리가 가장 흔히 볼 수 있는 산화 환원 반응은 물질이 연소하는 반응이에요. 가정에서 사용하는 도시가스의 주성분은 메테인이에요. 메테인이 연소할 때 산소와 반응하여 이산화 탄소와 물이 생기는 반응은 산화 환원 반응이에요.

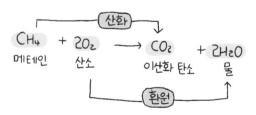

메테인의 탄소 원자는 산소를 얻으면서 이산화 탄소로 산화되고, 산소 기체의 산소 원자는 일부의 산소를 잃어버리면서 물로 환원되는 것이에요.

한편, 광산에서 캐낸 철광석을 제련해서 철(Fe)을 얻는 데에도 산화 환원 반응이 이용되고 있어요. 철은 반응성이 좋아서 공기 중에서 산소와 쉽게 결합해요. 철이 산소와 만나면 본래의 성질을 잃고 녹슬어서 광택도 없고 붉은색인 산화 철($Fe_2O_3$)로 산화돼요. 철광석의 주성분은 바로 산화 철이에요. 우리 인류가 기계나 화폐, 농기구 등을 만들기 위해서 필요한 것은 산화 철이 아니라 단단한 철이므로 산화 철에서 다시 단단한 철을 얻어야 하는데, 이러한 과정을 철의 제련이라고 해요. 철을 제련하기 위해서는 용광로를 이용해요. 뜨거운 용광로 안에 철광석과 코크스라고 하는 탄소 가루를 넣어주면 탄소가 산소와 만나 연소해요.

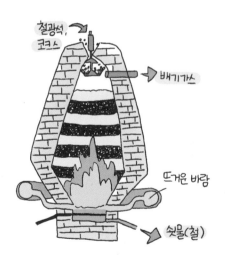

이때 용광로 안은 산소의 양이 부족하므로 탄소가 완전히 연소하지 못하고 불완전하게 연소하면서 일산화 탄소가 생긴답니다. 생성된 일산화 탄소는 산화 철과 반응하면서 산화 철이 가진 산소를 얻어 이산화

탄소가 되면서 자신은 산화되고, 산화 철은 산소를 잃고 철로 환원되는
것이에요.

$$\overbrace{Fe_2O_3 + 3CO}^{\text{환원(산소 잃음)}} \longrightarrow \underbrace{2Fe + 3CO_2}_{\text{산화(산소 얻음)}}$$

산화 철(Ⅲ)　일산화탄소　　　　철　　이산화 탄소

## 광합성과 호흡

산화 환원 반응은 생명체 안에서도 일어나는데, 바로 광합성과 호흡
이에요. 광합성은 녹색 식물의 엽록체에서 빛에너지를 이용하여 포도당
을 합성하는 과정에서 산화 환원 반응이 일어나고, 세포 호흡은 포도당을
분해하여 에너지를 얻는 과정에서 산화 환원 반응이 일어나는 것이에요.

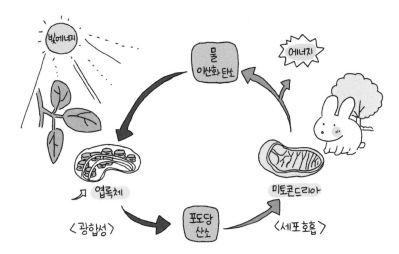

식물의 엽록체에서 광합성이 일어날 때, 이산화 탄소와 물이 반응하
여 포도당과 산소 기체가 생성되는 산화 환원 반응이 일어나게 돼요.
광합성으로 생성된 산소는 대기로 방출된답니다.

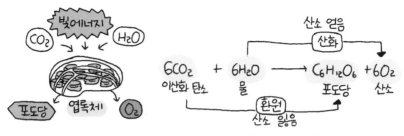

▲ 녹색 식물의 엽록체에서 광합성이 일어날 때, 산화 환원 반응이 일어난다.

생물의 세포 내 미토콘드리아에서 세포 호흡이 일어나면 포도당과 산소가 반응하여 이산화 탄소와 물을 생성해요. 이때 에너지가 방출되는데, 이 에너지는 생명 현상을 유지하는 데 이용되고 있어요.

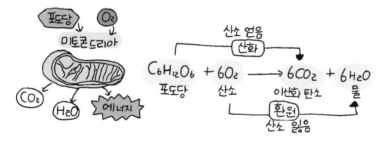

▲ 생물의 미토콘드리아에서 세포 호흡이 일어날 때, 산화 환원 반응이 일어난다.

이처럼 우리 주변에서는 산소나 전자의 이동으로 인한 산화 환원 반응이 계속해서 일어나고, 항상 동시에 일어나요.

### 내신 필수 체크

1 철을 제련할 때, 산화 철은 산소를 잃고 철로 (        )되고, 탄소는 산소를 얻어 이산화 탄소로 (        )된다.
2 식물에서 광합성이 일어날 때, 이산화 탄소는 포도당으로 (        )된다.
3 세포 내의 (            )에서 세포 호흡이 일어날 때, 포도당은 이산화 탄소로 (        )된다.

답 1. 환원, 산화  2. 환원  3. 미토콘드리아, 산화

# 미리보는 탐구 서·논술

■ 다음은 지구와 생명의 역사에 혁신적인 변화를 가져온 화학 반응과 반응식을 나타낸 것이다.

| 광합성 | 빛에너지를 이용하여 물과 이산화 탄소로부터 포도당과 산소를 생성하는 반응이다.<br><br>$6CO_2$ + $6H_2O$ ⟶ $C_6H_{12}O_6$ + $6O_2$<br>이산화 탄소　물　　　　　포도당　산소 |
| --- | --- |
| 화석 연료의 사용 | 탄소와 수소가 주성분인 화석 연료를 연소시키면 물과 이산화 탄소와 함께 열에너지가 발생한다.<br><br>$CH_4$ + $2O_2$ ⟶ $CO_2$ + $2H_2O$<br>메테인　산소　　　이산화 탄소　물 |
| 철의 제련 | 산화 철로 이루어진 철광석을 코크스와 혼합하여 용광로에 넣고 가열하면 산화 철에서 산소가 분리되면서 순수한 철을 얻는다.<br><br>$Fe_2O_3$ + $3CO$ ⟶ $2Fe$ + $3CO_2$<br>산화 철(Ⅲ)　일산화탄소　　철　이산화 탄소 |

**1** 위 반응이 인류에 미친 영향을 써보자.

**2** 광합성과 세포 호흡, 철의 제련과 화석 연료의 연소 반응이 가진 공통점을 설명해보자.

---
---
---
---

### ✎ 예시답안

**1** 광합성은 지구상의 생명의 진화와 생태계 유지에 기여하였고, 화석 연료의 이용은 산업의 발전을 가져왔으며, 인류 생활의 편의성을 향상시켰다. 그리고 철의 제련은 인류 문명을 혁신적으로 변화시키고 삶을 편리하게 만들었다.

**2** 광합성은 산소를 생성하고, 세포 호흡과 화석 연료의 연소는 산소를 이용한다. 철의 제련은 산화 철에서 산소를 떼어내는 과정이므로 모두 산소가 관여하는 반응이다.

# 17 산과 염기

우린 친구지만 성격은 완전 반대야~!

레몬을 떠올려보세요. 생각만 해도 아마 신맛이 느껴질 거예요. 반면, 비눗물이 손에 닿으면 어떤가요? 미끌거리는 느낌을 받지요. 이러한 특성은 각 물질에 들어 있는 산, 염기와 관련이 있어요.

**3부**

**변화와 다양성**

## 산

레몬이나 식초는 서로 다른 물질이지만, 공통적으로 신맛이 있어요. 뿐만 아니라 푸른색 리트머스 종이를 붉게 변화시키고, 달걀 껍데기와 반응하여 기체가 발생하는 공통적인 성질이 있어요. 레몬이나 식초에서 공통적인 성질이 나타나는 것은 모두 산이 들어 있기 때문이에요.

산이 가지는 공통적인 성질을 **산성**이라고 해요. 산이 공통적인 성질을 나타내는 이유는 무엇일까요?

산에는 염산(HCl), 질산($HNO_3$), 황산($H_2SO_4$), 아세트산($CH_3COOH$) 등이 있는데, 모두 수용액에서 양이온과 음이온으로 이온화하는 전해질이에요.

염산은 염화 수소(HCl) 기체를 물에 녹인 수용액으로, 수소 이온($H^+$)과 염화 이온($Cl^-$)으로 이온화되며 강한 산성을 나타내요.

황산($H_2SO_4$)은 물에 녹으면 수소 이온($H^+$)과 황산 이온($SO_4^{2-}$)으로

염화 이온
($Cl^-$)

수소 이온
($H^+$)

묽은 염산(HCl 수용액)

이온화되고, 아세트산($CH_3COOH$)은 수소 이온($H^+$)과 아세트산 이온($CH_3COO^-$)으로 이온화돼요. 이 반응을 화학 반응식으로 살펴보면 산을 물에 녹인 수용액에는 수소 이온($H^+$)이 공통적으로 들어 있다는 것을 알 수 있어요.

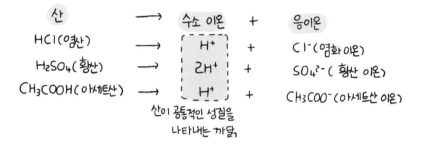

결국, 산은 수용액 상태에서 수소 이온을 내놓는 물질이고, 공통적인 성질을 나타내는 것은 수소 이온 때문이에요.

산을 녹인 수용액에서 양이온인 수소 이온은 공통적인 성질을 가지게 하고, 음이온은 산의 종류에 따라 다르므로 각 산의 특성을 갖게 하는 거예요.

산은 수용액 상태에서 양이온과 음이온이 있으므로 전류가 흐르는 전기 전도성이 있어요. 염화 수소를 물에 녹인 염산에 전극을 연결하면 양이온인 수소 이온($H^+$)은 (−)극으로 이동하고, 음이온인 염화 이온($Cl^-$)은 (+)극으로 이동하면서 전류가 흘러요. 염산뿐만 아니라 황산이나 아세트산도 모두 수용액에서 수소 이온과 음이온이 생겨 전류가 흐르므로 전기 전도성이 있어요. 즉, 전기 전도성은 산의 공통적인 성질 중 하나예요.

그리고 산은 금속과 반응하여 기체가 발생해요. 예를 들어, 염산에 마그네슘 금속을 넣으면 마그네슘은 전자를 내놓고 산화되어 마그네슘 이온이 되면서 수용액으로 녹아 들어가고, 산에 포함되어 있던 수소 이온이 전자를 받아 환원되면서 수소 기체가 발생하는 것이에요. 또한 산은 조개껍데기, 달걀 껍데기의 주성분인 탄산 칼슘과 반응하여 이산화탄소 기체를 발생시켜요.

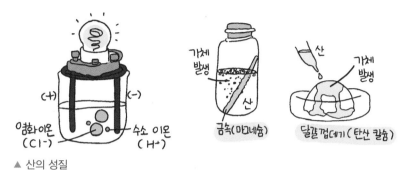

▲ 산의 성질

산은 우리가 먹는 음식이나 사용하는 물질 중에 많이 있어요. 예를 들면, 식초 속에는 아세트산이 들어 있고, 탄산 음료에는 탄산이 녹아 있어요. 그리고 각종 과일에는 여러 가지 산이 들어 있어요.

▲ 다양한 산성 물질

## 염기

비눗물이나 유리 세정제는 서로 다른 물질이지만, 둘 다 손으로 만지면 미끌거리는 성질이 있어요. 뿐만 아니라 붉은색 리트머스 종이를 푸르게 변화시키는 공통적인 성질도 있어요. 이러한 공통적인 성질이 나타나는 것은 비눗물이나 유리 세정제에 염기가 들어 있기 때문이에요.
이처럼 염기가 가지는 공통적인 성질을 **염기성**이라고 해요. 그렇다면
염기가 공통적인 성질을 나타내는 이유는 무엇일까요?

염기에는 수산화 나트륨(NaOH), 수산
화 칼륨(KOH), 수산화 칼슘($Ca(OH)_2$)
등이 있는데, 모두 물에 녹으면 양이온
과 음이온으로 이온화해요. 수산화 나
트륨(NaOH)은 물에 녹아 나트륨 이온
($Na^+$)과 수산화 이온($OH^-$)으로 이온화해요. 마찬가지로, 수산화 칼륨
(KOH)도 물에 녹으면 칼륨 이온($K^+$)과 수산화 이온($OH^-$)으로 이온화
하고, 수산화 칼슘($Ca(OH)_2$)도 칼슘 이온($Ca^{2+}$)과 수산화 이온($OH^-$)으
로 이온화해요. 이 반응을 화학 반응식으로 보면 염기를 녹인 수용액에
는 수산화 이온이 공통적으로 들어 있다는 것을 알 수 있어요.

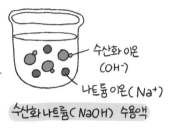

수산화 나트륨( NaOH) 수용액

| 염기 | → | 양이온 | + | 수산화 이온 |
|---|---|---|---|---|
| NaOH(수산화 나트륨) | → | $Na^+$( 나트륨 이온) | + | $OH^-$ |
| KOH(수산화 칼륨) | → | $K^+$( 칼륨 이온) | + | $OH^-$ |
| $Ca(OH)_2$ (수산화 칼슘) | → | $Ca^{2+}$( 칼슘 이온) | + | $2OH^-$ |

염기가 공통적인 성질을
나타내는 까닭

**염기는 수용액 상태에서 수산화 이온을 내놓는 물질**이고, 공통적인
성질을 나타내는 것은 **수산화 이온($OH^-$)** 때문이에요.

염기도 산과 마찬가지로 수용액 상태에서 양이온과 음이온이 있으므
로 전류가 흘러요. 즉, 전기 전도성이 있어요.

수산화 나트륨을 물에 녹여 전극을 연결하면 양이온인 나트륨 이온
($Na^+$)은 (−)극으로 이동하고, 음이온인 수산화 이온($OH^-$)은 (+)극으

로 이동하면서 전류가 흘러요. 그런데 염기는 산과 달리 금속과 반응하지 않아요. 예를 들어, 수산화 나트륨 수용액에 마그네슘을 넣어두어도 아무런 반응이 일어나지 않아요. 또한, 염기는 단백질을 녹이는 성질이 있어서 손으로 만지면 미끌거린다는 공통적인 특성이 있어요.

▲ 염기의 성질

이러한 염기는 우리가 사용하는 물질 중에 많이 있어요. 예를 들면, 매일 사용하는 비누나 치약, 청소할 때 쓰는 세정제, 그리고 제산제와 같은 약품에도 염기가 사용되고 있어요.

▲ 우리 주변의 다양한 염기성 물질

| 성질 | 산 | 염기 |
|---|---|---|
| 전기 전도성 | 있음 | 있음 |
| 금속과 반응 | 기체 발생 | 반응 안 함 |
| 탄산 칼슘과 반응 | 기체 발생 | 반응 안 함 |
| 리트머스와 반응 | 푸른색 → 붉은색 | 붉은색 → 푸른색 |

# 지시약

산과 염기를 물에 녹인 수용액은 대부분 색이 없이 투명해서 두 물질은 쉽게 구분이 되지 않아요. 그럼 어떤 방법으로 구분할 수 있을까요? 바로 산이냐 염기냐에 따라서 색깔이 변하는 지시약을 이용해요.

지시약은 산에 들어 있는 수소 이온이나 염기에 들어 있는 수산화 이온과 반응하여 색깔이 변하는 물질이에요.

수국이라는 꽃을 본 적이 있나요? 이 꽃의 색은 토양이 산성이면 푸른색을 나타내고, 토양이 염기성이면 붉은색을 나타내요. 수국은 천연 지시약이라고 할 수 있어요. 지시약에는 천연 지시약뿐 아니라 실험실에서 흔히 사용하는 페놀프탈레인 용액, 메틸오렌지 용액, BTB(브로모티몰 블루) 용액 등이 있어요.

▲ 수국

이처럼 지시약을 이용하면 그 용액의 액성이 산성인지 염기성인지를 확인할 수 있어요.

## 내신 필수 체크

1 산과 염기의 공통적인 성질을 나타내는 이온을 각각 쓰시오.

2 다음 물질의 수용액에 마그네슘을 넣었을 때 기체가 발생하는 것을 모두 고르시오.

| 황산, 수산화 나트륨, 아세트산, 수산화 칼륨, 염산 |
| --- |

3 수산화 나트륨 수용액에 페놀프탈레인 용액을 떨어뜨렸을 때의 색을 쓰시오.

답 1. 산: 수소 이온, 염기: 수산화 이온 2. 황산, 아세트산, 염산 3. 붉은색

■ 지시약 변화를 쉽게 기억하는 꿀팁!!

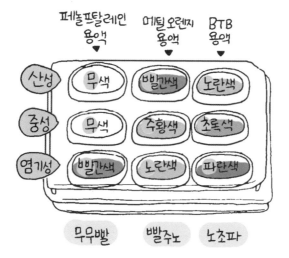

첫 글자를 기억하자~ 무무빨주노초파.

무무빨, 빨주노, 노초파~
이렇게 세 개씩 순서대로 묶으면
페놀프탈레인, 메틸오렌지, BTB에서의
산성, 중성, 염기성일 때 색이 돼요.

## 미리보는 탐구 STAGRAM

### 천연 지시약

① 천연 지시약 재료인 자주색 양배추를 잘라 비커에 넣고 물을 부어 가열하고, 양배추의 색소 성분이 우러나면 불을 끄고 재료는 건져 내고 용액을 식힌다.

② 묽은 염산, 식초, 베이킹소다 수용액, 수산화 나트륨 수용액에 양배추에서 얻은 천연 지시약을 떨어뜨리고 색 변화를 관찰하면 다음과 같다.

자주색 양배추

| 수용액 | 액성 | 양배추 천연 지시약의 색 |
|---|---|---|
| 묽은 염산 | 강한 산 | 붉은색 |
| 식초 | 약한 산 | 보라색 |
| 베이킹 소다 수용액 | 약한 염기 | 청록색 |
| 수산화 나트륨 수용액 | 강한 염기 | 노란색(연두색) |

 천연 지시약의 색이 액성에 따라 달라진 이유는 무엇인가요?

 채소나 과일, 꽃잎 등에는 액성의 산성도에 따라서 색이 변하는 안토시안이라는 색소가 들어 있기 때문이에요.

 자주색 양배추 외에 천연 지시약으로 사용되는 물질에 어떤 것이 있으며 색변화는 어떠한가요?

 포도 껍질, 블루베리, 붉은색 장미꽃, 검은콩 등이 있어요. 대부분은 산성에서 붉은색을 띠고, 중성에서는 자주색, 그리고 염기성에서는 노란색이나 연두색을 띤답니다.

 새로운 댓글을 작성해 주세요. | 등록 |

🖊 **이것만은!** · 천연 지시약을 이용하여 용액의 액성을 확인할 수 있다.

# 18 중화 반응

우리 화해하고 조금씩 양보해서 친하게 지내자!

식당에서 생선구이나 생선회를 먹을 때 레몬 조각이 함께 나
오는 것을 볼 수 있어요. 레몬즙을 생선에 뿌리면 비린내 성
분인 염기를 레몬즙의 산으로 중화시켜 냄새를 없앨 수 있기
때문이에요. 우리 생활에서 이렇게 산과 염기의 반응을 이용
하는 것을 찾아볼까요?

## 중화 반응

산과 염기가 만나면 어떤 반응이 일어날까요? 염산에 초록색의 BTB
용액을 넣으면 노란색으로 변하고, 수산화 나트륨 수용액에 BTB 용
액을 넣으면 파란색으로 변해요. 하지만 농도가 같은 염산과 수산화
나트륨 수용액을 같은 양 섞어 BTB 용액을 넣으면 색이 변하지 않
고 여전히 초록색이에요. 이것은 산의 수소 이온($H^+$)과 염기의 수산
화 이온($OH^-$)이 반응하여 물이 생성되면서 혼합 용액이 중성이 되기
때문이에요.

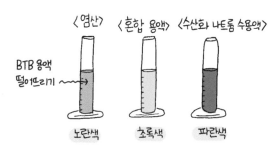

〈염산〉 〈혼합 용액〉 〈수산화 나트륨 수용액〉

BTB 용액
떨어뜨리기

노란색     초록색     파란색

이와 같이 산과 염기가 만나 물이 생성되는 반응을 **중화 반응**이라고 해요. 같은 농도의 염산과 수산화 나트륨 수용액의 중화 반응을 모형으로 나타내면 다음과 같아요.

중화 반응이 일어날 때, 수소 이온 1개와 수산화 이온 1개가 반응하여 물 1개가 생성돼요. 즉, 수소 이온과 수산화 이온이 1:1의 개수비로 반응하여 물을 생성하고, 염화 이온과 나트륨 이온은 반응하지 않고 혼합 용액에 그대로 남아요. 이 혼합 용액에서 물을 증발시키면 염화 나트륨(소금)을 얻을 수 있어요.

$$\underline{\text{염산}: \quad HCl \longrightarrow H^+ + Cl^-}$$
$$\underline{\text{수산화 나트륨 수용액}: \quad NaOH \longrightarrow Na^+ + OH^-}$$
$$HCl + NaOH \longrightarrow H_2O + Na^+ + Cl^-$$
$$\text{염화 나트륨(이온 상태)}$$

중화 반응에 참여하는 이온은 수소 이온과 수산화 이온이에요.
따라서 중화 반응의 알짜 이온식을 쓰면 아래와 같아요.
$$H^+ + OH^- \longrightarrow H_2O$$

수소 이온과 수산화 이온이 1:1로 반응하니까, 산과 염기가 완전히 중화되어 중성이 되려면 산의 수소 이온($H^+$)의 수와 염기의 수산화 이온($OH^-$)의 수가 같아야 해요. 중화 반응이 일어났다고 하더라도, 혼합

용액 속에 수소 이온이 남아 있으면 혼합 용액은 산성을 띠고, 수산화 이온이 남아 있으면 혼합 용액은 염기성을 띠는 거예요.

일정량의 묽은 염산에 수산화 나트륨 수용액을 조금씩 넣을 때, 용액의 액성은 어떻게 변할까요?

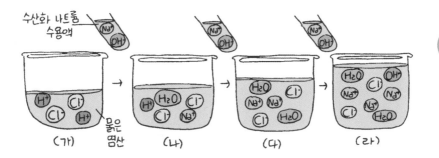

(가)의 묽은 염산에 수산화 나트륨 수용액을 조금 넣으면 중화 반응이 일어나면서 물이 생성되지만 (나)에는 수소 이온이 남아 있어 액성은 산성이에요. (나)에 수산화 나트륨 수용액을 더 넣어 주면 수소 이온과 수산화 이온의 수가 같아 완전히 중화 반응이 일어나므로 (다)는 중성이돼요. (다)에 수산화 나트륨 수용액을 더 넣어 주면 (라)에는 수산화 이온이 있어서 염기성을 띠게 돼요. 산과 염기가 섞인 혼합 용액의 액성은 중화 반응 이후 혼합 용액 속에 남아 있는 수소 이온이나 수산화 이온에 따라 결정되는 것이에요.

| 반응 전 이온의 양적 관계 | 모형 | | | | 혼합 용액의 액성 |
|---|---|---|---|---|---|
| H$^+$ 수 > OH$^-$ 수 | H$^+$ 10개 | + OH$^-$ 5개 | → | H$_2$O 5개 + H$^+$ 5개 | 산성 |
| H$^+$ 수 = OH$^-$ 수 | H$^+$ 10개 | + OH$^-$ 10개 | → | H$_2$O 10개 | 중성 |
| H$^+$ 수 < OH$^-$ 수 | H$^+$ 5개 | + OH$^-$ 10개 | → | H$_2$O 5개 + OH$^-$ 5개 | 염기성 |

▲ 수소 이온과 수산화 이온의 수에 따른 중화 반응 후 용액의 액성

## 중화열

묽은 염산이 들어 있는 비커에 수산화 나트륨 수용액을 넣은 후 비커를 만지면 따뜻해져요. 이것은 산과 염기의 중화 반응에서 열이 발생하기 때문이에요. 이 열을 **중화열**이라고 해요. 산의 수소 이온과 염기의 수산화 이온이 만나서 물이 생성될 때 중화열이 발생하므로 산과 염기를 혼합한 용액의 온도는 높아져요. 이때 반응한 수소 이온과 수산화 이온의 수가 많을수록 중화열은 더 많이 발생하고 온도도 더 높아져요.

산과 염기가 완전히 중화된 이후에는 산 또는 염기 중 어느 한쪽을 더 넣어도 중화 반응은 일어나지 않고 중화열도 더 발생하지 않아요. 온도도 같고 농도도 같은 묽은 염산과 수산화 나트륨 수용액을 부피를 다르게 하여 혼합한 후, 그 결과를 그래프로 나타내보면 산과 염기가 완전히 중화되었을 때 혼합 용액의 온도가 가장 높아요. 이것은 지시약을 넣은 용액으로 실험해 보면 알 수 있어요.

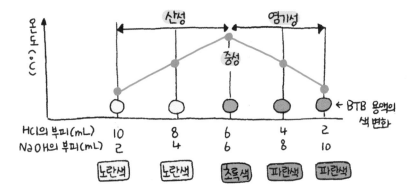

## 중화 반응의 이용

중화 반응은 우리 생활 곳곳에서 이용되고 있어요. 예를 들면, 음식물은 입속의 세균에 의해 분해되어 산성 물질로 치아 사이에 남아 충치를 생기게 하는데, 염기성 물질이 들어 있는 치약으로 양치질을 하면 입속의 산성 물질이 중화되면서 충치를 예방할 수 있어요. 또, 위에서 위산이 과다하게 분비되면 속이 쓰리게 되는데, 이때 염기성을 띠는 제산제를 먹으면 중화 반응이 일어나면서 속 쓰림이 사라져요.

양치할 때도 중화 반응이 일어나네!

벌레나 모기에 물렸을 때도 중화 반응을 이용해요. 벌레에 물리면 벌레의 체액에 포함된 산성 물질 때문에 피부가 가렵고 빨갛게 부풀어 올라요. 이때 염기성 물질이 포함되어 있는 약을 바르면 중화 반응이 일어나면서 부푼 피부가 가라앉고 가려움증도 없어져요.

또, 산성화된 토양에 염기성 물질인 석회 가루를 뿌려 토양을 중화시킬 수 있어요. 한편, 종이에는 대부분 산이 포함되어 있어 시간이 지나면 누렇게 변해요. 변색을 방지하기 위해서 종이를 만들 때 염기 수용액으로 중화한 중성지를 사용하기도 한답니다.

**내신 필수 체크**

1 묽은 염산에 BTB 용액을 떨어뜨리면 (   )이 되지만, 수산화 나트륨 수용액을 조금씩 계속 넣으면 혼합 용액의 색은 (   )으로 변하다가 (   )이 된다.

2 온도와 농도가 같은 수산화 나트륨 수용액과 묽은 염산을 같은 부피로 섞을 때 섞기 전보다 온도는 어떻게 되는가?

답 1. 노란색, 초록색, 파란색 2. 올라간다

# 미리보는 탐구 STAGRAM

## 산과 염기의 중화 반응

① A~E까지 표시한 홈판에 온도와 농도가 같은 묽은 염산(HCl)과 수산화 나트륨 수용액(NaOH)을 아래의 표와 같이 넣어 섞은 다음, 각 혼합 용액의 최고 온도를 측정하고 결과를 표에 기록한다.

② A~E의 혼합 용액에 BTB 용액을 떨어뜨린 다음, 색의 변화를 관찰한다.

| 홈 번호 | A | B | C | D | E |
|---|---|---|---|---|---|
| 묽은 염산(mL) | 10 | 8 | 6 | 4 | 2 |
| 수산화 나트륨 수용액(mL) | 2 | 4 | 6 | 8 | 10 |
| 최고 온도(℃) | 20 | 23 | 26 | 23 | 20 |
| 혼합 용액의 색 | 노란색 | 노란색 | 초록색 | 파란색 | 파란색 |

 C에서 온도가 가장 높은 이유는 무엇인가요?

 반응한 수소 이온과 수산화 이온의 수가 가장 많아서 중화열이 가장 많이 발생했기 때문이에요.

 중화 반응이 일어났는데, 혼합 용액의 색이 다른 이유는 무엇인가요?

 A~E 모두 중화 반응은 일어났지만 혼합 용액 A, B에서는 중화 반응 후 수소 이온이 남아 있어 산성을 띠므로 노란색이고, C는 완전히 중화되어 중성이므로 초록색이며, D, E는 중화 반응 후에 수산화 이온이 남아 있어 염기성을 띠므로 파란색이 나타나는 거예요.

> 새로운 댓글을 작성해 주세요.    등록

 **이것만은!**
- 반응한 H⁺과 OH⁻ 수가 많을수록 중화열이 많이 발생한다.
- 중화 반응 후의 혼합 용액 속에 수소 이온이 남아 있으면 용액은 산성을 띠고, 수산화 이온이 남아 있으면 염기성을 띤다.

▣ 그림은 우리 생활에서 중화 반응을 이용하는 예를 나타낸 것이다. 어떤 원리로 중화가 일어나는지 정리해 보자.

✏️ 예시답안

[예 1] 김치에서 신맛이 나는 것은 산성인 유산균에 의한 것으로, 염기성을 띠는 소다를 넣으면 중화되어 신맛을 줄일 수 있다.

[예 2] 벌침에 쏘였을 때 따끔거리는 것은 벌침 속에 존재하는 폼산에 의한 것으로 염기성인 암모니아수를 바르면 중화되어 자극이 완화된다.

[예 3] 생선에서 나는 비린내는 염기성 물질에 의한 것으로 산성의 레몬즙을 뿌리면 레몬 속에 풍부한 시트르산과 중화되어 비린내가 사라진다.

[예 4] 석회 가루를 물에 녹여 만든 석회수는 수산화 칼슘으로 산성화된 토양이나 호수를 중화할 수 있다.

# VII

## 생물 다양성과 유지

# 지질 시대의 환경과 생물

아주 옛날에 여기가 바다였다고?

강원도 남부 내륙의 영월군에 영월화석박물관이 있어요. 영월화석박물관 외벽에 "영월은 5억 년 전에 바다였다."는 현수막이 걸려 있어요. 바다였던 곳이 지금은 육지라니 신기하지요? 그런데 이런 사실을 어떻게 알았을까요?

출처: 영월화석박물관

## 화석과 지질 시대

지구는 약 46억 년 전에 태어났어요. 46억 년 동안 지구의 환경과 지구의 생명체는 어떻게 변했을까요? 그 사실을 알 수 있는 방법 중 하나는 화석을 이용하는 것이에요. **화석은 과거에 살았던 생물의 유해나 흔적이 지층에 남아 있는 것을 말해요.** 화석이라고 하면 흔히 공룡 뼈를 떠올리지만, 이뿐 아니라 조개껍데기나 나뭇잎의 모양이 지층에 찍혀서 남아 있는 것도 화석이고, 과거 생물의 배설물이나 지층에 남아 있는 발자국 등의 흔적도 모두 화석이에요.

공룡 발자국도 화석이에요.

과학자들이 화석을 연구하는 까닭은 화석을 통해 많은 것을 알 수 있기 때문이에요. 먼저 화석을 통해 과거 그 지역의 환경을 알 수 있어요. 오늘날 산호는 따뜻하고 얕은 바다에 서식하고 있어요. 만약 어느 지층에서 산호 화석이 발견된다면 과거 이 지층은 퇴적될 당시에 따뜻하고 얕은 바다였다고 생각할 수 있어요. 오늘날 고사리는 따뜻하고 습한 숲에 서식해요. 따라서 어느 지층에서 고사리 화석이 발견된다면 과거 이 지층은 퇴적될 당시에 따뜻하고 습한 숲이었다고 할 수 있지요. 그러면 어떤 화석들이 과거의 환경을 알려줄 수 있을까요? 산호와 고사리처럼 과거부터 현재까지 오랜 기간 동안 계속해서 살아남았으며 특정한 환경에서만 서식하는 생물의 화석이 과거의 환경을 추측하는 데 이용될 수 있어요.

▲ 산호 화석

▲ 고사리 화석

반면 지금은 볼 수 없지만 과거 어느 특정 시기에만 번성한 생물들도 있어요. 그래서 어떤 지층에서 이런 생물의 화석이 나온다면 이 지층이 퇴적된 시기를 알 수 있어요.

화석을 연구하면 지층이 퇴적된 시기와 당시의 환경을 알 수 있어서 지구의 역사를 재구성할 수 있게 돼요.

지구가 처음 만들어진 **46억 년 전**부터 현재까지를 **지질 시대**라고 해요. 지질 시대는 생물계에 나타난 커다란 변화를 기준으로 네 개의 시기로 구분하는데, 이때 화석을 이용해요. 생물계에 큰 변화가 있었다는 것은 지구 환경에 큰 변화가 있었다는 것이에요.

지구 탄생 이후부터 약 5억 4100만 년 전까지를 선캄브리아 시대라고 해요. 이후 약 2억 5200만 년 전까지를 고생대, 6600만 년 전까지를 중생대, 그 이후를 신생대라고 해요. 선캄브리아 시대는 40억 년 이상 지속되었으며 전체 지질 시대 중 약 88 %로 매우 길어요.

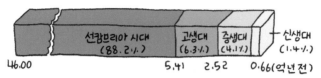

▲ 지질 시대의 구분

## 지질 시대의 환경과 생물

선캄브리아 시대는 지질 시대 중 가장 오랜 기간 지속되었어요. 이 시기에는 아직 지구 대기에 오존층이 형성되지 않았어요. 따라서 태양에서 오는 해로운 자외선이 차단되지 않고 그대로 지표까지 들어왔어요. 이런 이유로 이 시기에는 육지에 생명체가 살 수 없었고 모든 생명체들은 바다에서 생활했어요.

선캄브리아 시대 초기에 바다 밑에서 단세포 생물이 탄생했으며, 약 35억 년 전에 광합성을 하는 남세균이 출현했어요. 이들이 광합성을 하게 되면서 드디어 대기 중에 산소가 증가하기 시작한 것이에요. 이 남세균의 활동에 의해 만들어진 퇴적 구조를 스트로마톨라이트라고 해요. 이것은 가장 오래된 생물의 흔적이에요. 남세균은 선캄브리아 시대 바다에서 광합성으로 많은 산소를 만들었어요.

선캄브리아 시대 후기에는 다양한 다세포 생물이 등장했어요. 이것을 알 수 있는 화석이 오스트레일리아 에디아카라 구릉지대에서 발견된 다양한 다세포 동물의 화석인데, 이 동물들의 무리를 에디아카라 동물군이라고 해요.

스트로마톨라이트

에디아카라 동물군

▲ 선캄브리아 시대 주요 화석

그런데 선캄브리아 시대의 지층에서는 화석이 거의 발견되지 않았어요. 이 시대의 생물들은 개체수가 적었고, 단단한 뼈나 껍데기가 없었으며, 화석이 만들어졌다 해도 오랜 시간에 걸쳐 지각 변동을 받아 화석 대부분이 사라졌기 때문이에요.

약 5억 4100만 년 전부터 갑자기 생물종의 수가 급격히 증가해요. 이때부터를 고생대라고 해요. 생물의 광합성으로 산소 농도가 증가하면서 기권에 오존층이 생성되었고, 이로 인해 태양의 자외선이 차단되면서 고생대 중기에 드디어 생물의 육상 진출이 가능해졌어요.

고생대는 전반적으로 기후가 온난했지만 말기에는 빙하기가 나타났어요. 그리고 따로 떨어져 있던 대륙들이 고생대 말기에 하나로 뭉쳐서 초대륙 판게아를 형성했어요. 판게아의 형성으로 대륙붕 면적이 감소하고 기후가 변하면서 생물권에 큰 영향을 주게 되었어요.

고생대 바다에는 삼엽충과 완족류, 필석류 등의 무척추동물과 어류가 번성했으며, 육지에는 고사리와 같은 양치식물과 양서류, 대형 곤충이 번성했어요. 당시의 양치식물은 키가 수십 미터에 이를 정도로 컸고 울창한 숲을 이루었어요. 이 양치식물이 죽어 땅에 묻힌 것이 지금 우리가 쓰는 석탄이에요. 고생대 말에는 삼엽충과 완족류를 비롯한 많은 생물종이 멸종하게 돼요.

삼엽충

완족류

필석

고생대 주요 화석이에요.

약 2억 5200만 년 전의 대멸종을 기준으로 고생대와 중생대가 나뉘어져요. 중생대에는 고생대 말에 하나로 합쳐졌던 판게아가 분리되기 시작해요. 대서양도 이 시기에 형성되기 시작하죠. 그러면서 전 세계적으로 지각 변동이 활발하게 일어났고 수륙 분포의 변화로 인해 생물권에도 큰 변화가 나타나게 돼요. 중생대 동안에는 빙하기 없이 온난한 기후가 지속되었어요.

고생대 말에 등장한 파충류가 중생대에 번성하게 되는데 이 시대를 지배한 대표적인 파충류가 공룡이에요. 그리고 조류와 포유류도 중생대에 등장해요. 식물로는 소철, 소나무, 은행나무와 같은 겉씨식물이 번성했으며 바다에는 암모나이트가 번성했어요. 하지만 중생대 말에 공룡과 암모나이트를 비롯한 많은 생물이 멸종하게 돼요.

공룡

암모나이트

겉씨식물

중생대 주요 화석이에요.

공룡과 암모나이트가 멸종한 약 6600만 년 전을 경계로 중생대와 신생대를 구분해요.

신생대에는 대륙의 이동이 계속되어 대서양이 점점 넓어지고 현재와 같은 수륙 분포를 보이게 되었어요. 기후는 대체로 온난했지만 후기에는 기후가 한랭하고 빙하가 발달한 빙하기와 기후가 온난한 간빙기가 반복해서 나타났어요.

신생대는 중생대에 등장한 포유류가 번성한 시대예요. 이 시기에 육지에서는 매머드를 비롯하여 말, 낙타 등이 전성기를 누렸고, 넓은 초원이 형성되었으며, 겉씨식물이 쇠퇴하고 단풍나무나 참나무, 포플러나무와 같은 속씨식물이 번성했어요. 바다에서는 화폐석이 번성하였고 말에는 인류의 조상이 출현했어요.

매머드

단풍나무잎 화석

화폐석

신생대 주요 화석이에요.

**내신 필수 체크**

1 공룡과 겉씨식물이 번성한 지질 시대는 언제인가?
2 암모나이트, 삼엽충, 매머드를 등장한 순서대로 나열하시오.

답 1. 중생대 2. 삼엽충–암모나이트–매머드

## 대멸종과 생물 다양성

지구에 처음 등장한 생물은 단세포 생물이었어요. 시간이 지나면서 환경에 적응하고 진화하면서 생물종의 수는 점점 증가했어요. 그러나 지구 환경이 급격히 변하면서 환경 변화에 미처 적응하지 못한 생물이 멸종하기도 했어요.

지구의 역사를 보면 고생대 이후 다섯 번의 대멸종이 있었어요. 이 중 가장 큰 규모의 멸종은 고생대 말에 일어났어요. 이때 삼엽충과 완족류를 비롯하여 해양 생물종의 약 96 %가 멸종했어요. 중생대 말에도 공룡, 암모나이트 등 많은 생물이 사라졌어요.

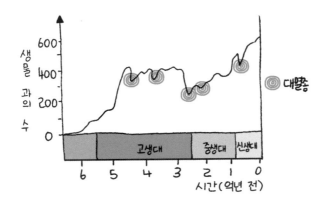

그런데 이런 대멸종의 원인은 무엇일까요? 대멸종의 원인으로는 운석 충돌, 대규모 화산 활동, 대륙 이동으로 인한 수륙 분포와 급격한 기후 변화를 들 수 있어요.

하지만 이런 대멸종이 새로운 환경에 적응한 생물들에게는 좋은 기회가 되었어요. 멸종한 생물들의 빈자리를 차지해서 번성하며 다양한 종으로 진화해 생물 다양성이 점점 증가하게 된 것이에요.

**내신 필수 체크**

1 지질 시대 중 가장 큰 규모의 멸종은 언제 일어났는가?
2 여러 번의 대멸종이 생물 다양성에 미친 영향은 무엇인가?

답 1. 고생대 말 2. 대멸종을 거치면서 생물 다양성이 증가했다.

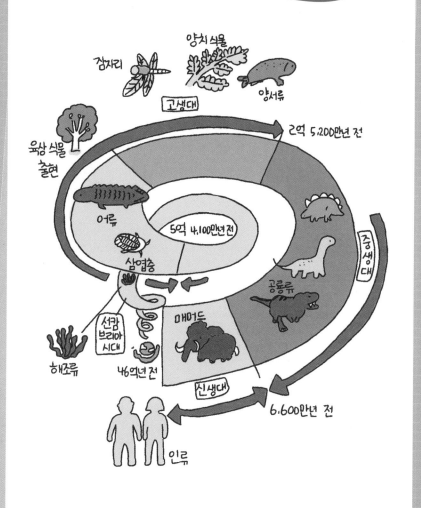

**1** 대륙 이동에 따른 대규모 지각 변동과 천재지변 등 다양한 요인에 의해 생물종의 상당수가 갑자기 사라진 것을 대멸종이라고 한다. 대멸종의 원인을 설명하는 여러 가지 가설에 대하여 조사해 보자.

| 가설 예 | | |
|---|---|---|
| 운석 충돌설 | 해수면 하강설 | 화산 폭발설 |

**2** 대멸종 이후 생물계는 어떻게 변화되었는지 설명해 보자.

_____
_____
_____
_____
_____

✎ **예시답안**

**1**

| 가설 | 내용 |
|---|---|
| 운석 충돌설 | 지구에 거대한 운석이 충돌하여 다량의 먼지가 대기권으로 올라갔고, 먼지가 햇빛을 차단하여 식물이 광합성을 하지 못하게 되어 생태계 먹이 사슬에 문제가 생겼다. 그리고 운석 충돌 과정에서 발생한 화학 반응으로 산성비가 내리고, 쓰나미와 대규모 산불로 인해 대규모 멸종이 발생하였다. |
| 해수면 하강설 | 전 세계적으로 발생한 해수면 하강으로 인해 대륙붕의 면적이 감소하여 대규모 멸종이 발생하였다. |
| 화산 폭발설 | 시베리아나 인도 데칸고원 등에서 일어난 대규모 화산 폭발로 지구 환경이 급격히 변하여 대멸종이 발생하였다. |

**2** 대멸종으로 많은 생물종이 사라졌지만 새로운 환경에 적응하고 살아남은 종에게는 오히려 멸종한 종을 대신하여 번성할 수 있는 기회가 되었다. 따라서 대멸종은 생물들이 지구 환경 변화에 적응하여 진화하고 생물의 다양성이 증가하는 계기가 되었다.

# 20 생물의 진화와 변이

생물은 끊임없이 변해!

공룡하면 어떤 모습이 떠오르나요? 큰 몸집과 날카로운 발톱이 생각날 거예요. 그런데 몸집이 큰 것만 있는 것이 아니라 작은 공룡도 있고, 초식공룡도 있고 육식공룡도 있어요. 공룡의 종류는 어떻게 다양해졌을까요?

**3부**

변화와 다양성

## 변이

사람뿐만 아니라 같은 종의 식물이나 동물도 조금씩 모습이 달라요. 예를 들어, 달팽이의 껍데기는 무늬나 색깔, 나선 방향이 각각 다르며 강아지의 털색도 서로 달라요. 같은 종의 생물 무리라도 개체마다 생김새, 모양, 색 등과 같이 생물이 가지는 특성, 즉 형질이 조금씩 달라요. 같은 종에서 나타나는 형질의 차이를 **변이**라고 해요.

다양한 모양의
달팽이 껍데기

강아지의 다양한 털색

변이는 모든 생물에서 나타나는데 이러한 변이가 나타나는 이유는 무엇일까요? 바로 유성 생식과 돌연변이에 의해서 발생하는 개체가 가진 유전자 차이 때문이에요. 유성 생식이란 암수 개체가 생식 세포를 만들고 그 생식 세포가 다시 결합하여 새로운 개체를 만드는 것이에요.

정자와 난자 같은 생식 세포가 형성될 때, 생식 세포에는 부모의 염색체가 반씩 들어가므로, 그림과 같이 다양한 생식 세포가 만들어지고, 암수 생식 세포가 결합할 때 어떤 생식 세포가 수정되느냐에 따라 여러 종류의 유전자 조합을 가진 다양한 자손이 태어나는 것이에요. 결국, 같은 종이지만 유전자가 조금씩 달라지면서 형질이 달라지는 변이가 생겨나는 거예요.

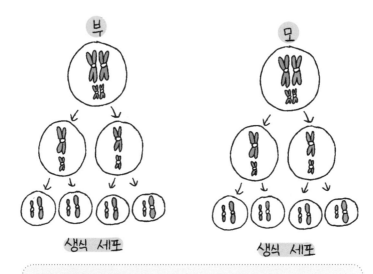

감수 분열 과정에서 상동 염색체가 결합하여 2가 염색체가 형성되었다가 두 번의 분열로 무작위적으로 배열하여 서로 다른 생식 세포가 만들어져요.

돌연변이는 DNA의 유전 정보에 갑작스런 변화가 생겨서 부모에 없던 형질이 새롭게 나타나는 것이에요. 돌연변이는 같은 종의 개체 안에서 새로운 유전자가 만들어지면서 생겨난 변이에요. 네덜란드의 생물학자 더프리스(de Vries, H. M., 1848~1935)는 달맞이꽃을 재배하다가 기존의 달맞이꽃보다는 훨씬 큰 돌연변이 왕달맞이꽃이 피어난 것을 발견하였고, 그 꽃이 대대로 유전되는 것을 확인했어요. 결국, 자연 상태에서 각 생물 무리마다 생식 세포가 만들어지거나 돌연변이로 인하여 변이가 나타나 다양한 형질을 지닌 개체들이 존재하는 것이에요.

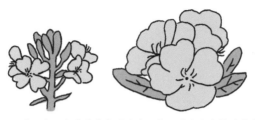

▲ 더프리스가 재배하던 달맞이꽃과 돌연변이인 왕달맞이꽃

## 자연 선택

생물은 변이로 인해 다양한 형질을 가진 개체가 존재해요. 하지만 이 중에서 환경에 잘 견디는 형질을 가진 개체는 살아남고 그렇지 않은 형질을 가진 개체는 사라져요. 그리고 살아남은 개체는 번식하여 후손을 낳고 생물 무리에서 점점 더 많아지는 것이에요. 이것은 환경에 유리한 형질을 가진 개체가 자연적으로 선택된다는 뜻으로 자연 선택이라고 해요. 자연 선택은 환경에 따라 달라질 수 있어요. 즉, 같은 변이라도 환경에 따라 생존에 유리할 수도 있고, 불리할 수 있는 거예요.

어느 지역에 같은 종이지만 날개 색이 다른 나방이 있었어요. 밝은색을 띠는 지의류가 나무를 덮고 있을 때는 어두운색의 나방이 눈에 잘 띄므로, 새에 더 많이 잡아먹히게 되면서 흰색 나방이 생존에 유리했어요. 하지만 도시가 공업화되면서 대기가 오염되어 지의류가 사라지고 어두운색의 나무줄기가 드러났어요. 이제는 흰색 나방이 눈에 더 잘 띄므로 새에 더 많이 잡아먹히게 되면서 어두운색 나방이 생존에 더 유리하게 되었어요.

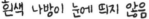
흰색 나방이 눈에 띄지 않음　　어두운 나방이 눈에 띄지 않음

다른 예도 있어요. 헤모글로빈 단백질을 구성하는 유전자에 이상이 생기면 돌연변이로 낫 모양의 적혈구가 생길 수 있어요. 이 적혈구를 가진 사람은 빈혈이 심하기 때문에 생존에 불리해요. 하지만 말라리아가 자주 발생하는 지역에서는 낫 모양의 적혈구를 가진 사람이 오히려 더 많다고 해요. 그것은 낫 모양의 적혈구를 가진 사람이 말라리아라는 병균에 대해서 저항성이 있어서 생존에 더 유리하기 때문이에요.

정상 적혈구　　　　낫 모양 적혈구

> 말라리아 병균에는 낫 모양 적혈구를 가진 사람이 유리하대요.

주어진 환경에서 자연 선택된 개체가 살아남아서 자손을 남기게 되고 자연 선택이 반복되면서 변이를 가진 개체의 비율이 증가하게 되어 진화가 이뤄지는 것이에요.

### 내신 필수 체크

1 생물 개체에서 변이를 일으키는 유전자 차이는 어떤 원인에 의해 생기는가?
2 진화를 일으키는 가장 큰 요인 두 가지는 무엇인가?

답 1. 유성 생식, 돌연 변이　2. 변이, 자연 선택

## 다윈의 자연 선택설

지구에 최초의 생물이 나타난 이후부터 수십억 년의 지질 시대를 거치는 동안 지구의 환경은 계속 변해 왔어요. 생물은 이러한 환경 변화에 적응하면서 어떤 생물은 폭발적으로 증가하기도 하고, 어떤 생물은 몇 차례의 대멸종을 겪기도 하면서 다양하게 변화해 왔어요. 이와 같이 생물이 여러 세대를 거치면서 환경에 적응하여 변화하는 현상을 진화라고 해요. 현재처럼 지구에 수많은 생물이 살게 된 것은 수억 년 동안 이루어진 진화의 결과라고 할 수 있어요.

이러한 진화에 대한 이론을 체계적으로 정리한 사람은 영국의 과학자 다윈(Darwin, C. R.,1809~1882)이에요. 다윈은 지구에 사는 다양한 생물의 출현을 자연 선택설을 중심으로 한 진화론으로 설명했어요. 그는 자연 선택설에서 생물종이 여러 세대를 지나는 동안 변이와 자연 선택 과정을 거듭하면서 진화가 일어난다고 주장했어요. 즉, 변이를 가진 다양한 개체들이 생존 경쟁을 하는데, 이때 환경에 적합한 변이를 가진 개체가 더 많이 살아남고, 자손을 남기고, 이 과정이 누적되어 생물이 진화한다고 설명하였어요. 오늘날 기린의 목이 긴 것은 자연 선택설로 설명할 수 있어요.

목 길이가 다양한 기린이 살고 있었다.

목이 긴 기린이 환경에 더 유리하여 살아남았다

목이 긴 기린은 자손을 남기고 이 과정이 반복되면서 기린은 목이 긴 기린으로 진화하였다.

자연 선택설에 의하면 생물은
"개체 변이 → 생존 경쟁 → 자연 선택 → 종의 변화"의 순서로
진화가 일어나는 거예요.

  다윈은 또한 20여 개의 크고 작은 섬으로 이루어진 갈라파고스 군도
에 사는 핀치새의 부리 모양이 섬에 따라 조금씩 다르다는 사실을 발견
했어요. 원래 한 종류의 핀치새가 대륙에서 각 섬으로 이주했지만, 핀
치새에 변이가 나타났고, 각 섬마다 환경이 다르고, 이에 따라 핀치새
의 먹이도 다르므로 환경에 더 적합한 변이를 가진 핀치새가 각 섬에서
자연 선택되었어요. 이 과정이 반복되면서 결국 조상과는 다른 새로운
종의 핀치새로 분화되어 각 섬마다 살고 있다고 설명하고 있어요.

최근 핀치새 부리 모양이
유전자 때문이라는 것이 밝혀졌어요.

  요즘에는 항생제 같은 약품을 계속 사용할 경우 항생제에 내성이 있는
생물의 비율이 점차 증가하는 것도 자연 선택으로 설명할 수 있어요.

## 다윈의 진화론이 과학과 사회에 준 영향

다윈이 주장한 자연 선택설을 중심으로 한 진화론은 생물이 변하지 않는다고 믿었던 당시 사회에 큰 파장을 불러일으켰어요. 발표된 지 150여 년이나 지났지만 다윈의 진화론은 오늘날에도 과학과 사회 전반에 영향을 주고 있어요.

우선, 생명 과학의 입장에서 생물의 진화는 어떤 목적이나 방향이 있는 것이 아니라 환경 변화에 적응하는 과정에서 진화해 왔다는 것을 받아들이게 되었고, 지구에 다양한 생물종이 생겨난 것을 환경의 변화에 따른 진화로 이해하게 되었어요. 그리고 유전학이 발달하면서 다윈의 자연 선택설은 생명 과학의 기본 이론으로 자리 잡게 되었어요. 또, 사회에서도 물건을 사고팔거나 제품을 만드는 시장에서 자유로운 경쟁을 통해 사회가 발전할 수 있다고 보게 되었어요. 이것은 자본주의 발달에 영향을 끼쳤답니다.

### 내신 필수 체크

**1** 다윈의 자연 선택설에 따른 진화의 과정을 순서대로 나타낸 것이다. (　)에 알맞은 말을 쓰시오.

> 개체 (　) → 생존 경쟁 → (　) → 종의 분화

**2** 다윈의 진화론이 특정 분야에 미친 영향을 설명하고 있다. 어느 분야에 대한 영향을 말하는지 쓰시오.

> 모든 생물은 환경에 적응한 존재이며, 생물의 다양성을 환경 변화에 따른 생물의 진화로 이해하게 되었다.

답 1. 변이, 자연 선택 2. 생명 과학

남아메리카 대륙에서 다양한 씨앗을 먹는 핀치 중 일부가 갈라파고스 제도로 날아옴

다양한 크기의 부리를 가진 많은 핀치새가 태어나고 먹이와 서식지를 차지하기 위해 경쟁함

선인장이 잘 자라는 섬에서는 길고 뾰족한 부리를 가진 핀치가 유리하여 많은 자손을 남김

크고 단단한 씨앗을 만드는 식물이 잘 자라는 섬에서는 크고 두꺼운 부리를 가진 핀치가 유리하여 많은 자손을 남김

여러 세대가 지난 후 이 섬에는 길고 뾰족한 부리를 가진 핀치가 번성함

여러 세대가 지난 후 이 섬에는 크고 두꺼운 부리를 가진 핀치가 번성함

## 미리 보는 탐구 STAGRAM

**항생제 내성 세균의 자연 선택 모의 실험**

어떤 세균은 변이에 의해 우연히 항생제에 내성을 나타낼 수 있다. 지속적으로 항생제를 투여할 경우 이 항생제에 내성이 있는 세균의 비율이 점차 높아지는 것을 자연 선택 실험으로 확인해 볼 수 있다.

벨크로 테이프

① 꾸미기 폼폼이 20개와 같은 크기의 스타이로폼 구 4개를 쟁반 위에 잘 섞어 놓는다.
② 벨크로 테이프가 붙어 있는 손 장갑으로 쟁반 위의 모형을 찍어 내고, 남아 있는 모형을 남은 수만큼 더해 준다.
③ 과정 ②를 4회 반복해서 전체 모형 수에 대한 스타이로폼 구의 비율을 구해본다. ➡ 스타이로폼 구의 비율이 더 많아진다.

----

 폼폼이, 스타이로폼 구, 벨크로 테이프, 장갑으로 모형을 찍는 것은 각각 무엇을 나타내나요?

 폼폼이는 항생제에 내성이 없는 세균, 스타이로폼 구는 내성이 있는 세균, 벨크로 테이프는 항생제에 비유할 수 있고, 테이프에 붙은 모형을 제거하는 것은 항생제의 사용으로 세균이 죽는 것을 의미해요.

 과정 ②에서 남아 있는 모형과 같은 종류의 모형을 같은 수 만큼 더 넣어주는 것은 무엇을 의미하나요?

 살아남은 세균이 번식하여 자손이 나타난 것을 의미해요.

 과정 ③의 결과 항생제 내성균의 비율이 커지는데 이것은 무엇을 뜻하나요?

 항생제를 계속 사용하면 항생제 내성 세균이 자연 선택되어 살아남고 자손을 만들므로 점차 그 비율이 증가하는 것을 뜻해요.

 새로운 댓글을 작성해 주세요.　　　　　　　　　 등록

✎ **이것만은!** • 항생제를 계속 사용하면 돌연변이로 생겨난 항생제 내성균이 자연 선택된다.

# 21 생물 다양성과 보전

다양성을 지켜야 모두가 잘 살 수 있어 !

동물원에 가면 코끼리와 기린뿐만 아니라 매우
많은 동물을 볼 수 있어요. 또한, 식물원에서
는 장미, 무궁화, 철쭉뿐만 아니라 이름을 처
음 들어보는 식물도 볼 수 있어요. 실제로
지구에는 얼마나 많은 종류의 동식물
이 살고 있을까요?

## 생물 다양성의 의미

현재 확인된 생물종의 수만 해도 약 190여만 종이며, 미확인 생물종
까지 포함하면 지구에는 천만 종 이상의 생물이 존재할 것으로 추측하
고 있어요. 지구에 생명체가 탄생한 이후부터 생물은 오랜 시간 동안
변이와 자연 선택의 결과로 진화가 일어나면서 오늘날 다양한 생물종
이 살게 되었어요. 생물의 다양성은 단순히 생물종의 수가 많은 것만을
나타내는 것은 아니에요. **생물 다양성**은 어떤 특정 지역에 존재하는 생
물의 다양한 정도로, 생물종이 가지는 각 유전자의 차이로 인한 변이의
다양함, 각각의 생물종이 서식하고 있는 생태계의 다양함까지 모두 포
함한 넓은 개념이에요. 즉, 생물이 가지고 있는 유전적 다양성, 생물의

생물 다양성의 세 가지 요소
• 유전적 다양성
• 종 다양성
• 생태계 다양성

종 다양성, 생물이 살아가는 생태계 다양성을 모두 포함해요.

## 유전적 다양성

생물은 같은 종이라도 모양이나 크기, 색깔, 습성 등 형질이 다른 변이가 나타나요. 변이는 각 개체가 가지는 유전자의 차이로 나타나는 것이에요. 예를 들어, 같은 종의 무당벌레를 살펴보면 무당벌레마다 날개의 색과 반점 무늬가 다르고, 달팽이의 껍데기 색깔과 무늬도 다양해요. 얼룩말도 개체마다 털에 나 있는 줄무늬 색과 간격이 달라요. 이것은 무당벌레의 날개 색과 반점 무늬, 달팽이 껍데기의 색과 무늬, 얼룩말의 줄무늬와 같은 형질을 결정하는 유전자가 개체마다 다르기 때문이에요. 이처럼 하나의 종에서 나타나는 유전적 차이의 다양한 정도를 유전적 다양성이라고 해요. 그리고 같은 생물종 안에서 변이가 많을수록 유전자가 더 다양하므로 유전적 다양성이 높다고 말해요.

무당벌레 날개 색과
반점 무늬는 다양하다.

달팽이 껍데기의
색깔과 무늬는 다양하다.

유전적 다양성은 생물에게 매우 중요해요. 예를 들어, 어떤 생물종의 유전적 다양성이 낮아서 같은 형질의 생물종만 있을 경우 환경이 크게 변하여 이 생물종이 살아가기에 불리해지면 이 생물종은 멸종할 가능성이 커져요. 반면, 유전적 다양성이 높아서 그 생물종에 다양한 변이가 있다면, 급격한 환경 변화에 적응하지 못하고 사라지는 개체도 있겠지만 살아남는 개체도 있어서 그 생물종을 유지할 수 있는 가능성이 높아지는 거예요. 대표적인 예로 바나나를 들 수 있어요. 원래 야생에서 자라는 바나나는 씨가 있어요. 그런데 전 세계 사람들이 씨 없는 바나나를 더 선호하기 때문에, 씨 없는 바나나의 뿌리를 잘라 옮겨 심어 유전적으로 동일한 씨 없는 바나나를 얻었어요. 하지만 씨 없는 바나나 한 종류만 재배하게 되어 유전적 다양성이 낮아 바나나 질병이 크게 퍼질 경우 멸종될 수 있답니다.

씨가 있는 야생 바나나

씨가 없는 바나나

씨가 없는 바나나는 먹기에는 좋지만 유전적 다양성이 낮아 질병이 유행할 때 멸종될 수 있어요.

## 종 다양성

생태계에 따라서 그 지역에 사는 생물의 종과 개체수는 다양해요. 이때 일정한 지역에 사는 생물종의 다양한 정도를 종 다양성이라고 해요. 어떤 생태계에 사는 생물종의 수가 많고, 각 종의 분포가 고를수록 종 다양성이 높다고 할 수 있어요. 예를 들어, 숲이라는 생태계에 토끼, 여

▲ 어떤 생태계에 살고 있는 생물종의 수가 많고 분포가 고를수록 종 다양성이 높다.

우, 곰, 사자, 버섯, 은행나무 등 다양한 생물종이 골고루 분포해서 살고 있다면 종 다양성이 높은 것이고, 사자와 풀만 있다면 종 다양성이 낮은 거예요.

종 다양성도 생물종 유지에 매우 중요해요. 생태계에서는 다양한 생물종이 서로 먹고 먹히는 관계로 얽혀있어요. 이때 한 생물종이 사라지면 그것으로 끝나는 것이 아니라 그 생물종을 먹이로 하는 다른 생물종도 사라지면서 연쇄적으로 다른 생물종에 영향을 주게 되지요. 예를 들어, 종 다양성이 낮은 생태계에서 개구리가 갑자기 사라지면 이를 먹이로 하는 뱀도 멸종하게 돼요. 하지만 종 다양성이 높은 생태계에서는 개구리가 갑자기 사라져도 이를 대신하여 먹이가 될 수 있는 토끼나 들쥐와 같은 생물이 많이 있어서 뱀은 살아남을 수 있는 거예요.

이처럼 종 다양성이 높으면 서식지의 환경이 급격히 변할 때, 어떤 생물종이 사라지게 되더라도 먹이 관계로 연결되어 있는 다른 생물종은 살아남을 확률이 높아지는 것이에요.

## 생태계 다양성

우리가 사는 지구는 지역마다 기온, 기후, 강수량 등 환경이 다르기 때문에 숲, 초원, 바다, 갯벌, 사막, 습지, 호수, 강 등 다양한 생태계가 존재해요. 이처럼 어느 지역에 존재하는 생물이 살아가는 생태계가 다양한 정도를 생태계 다양성이라고 해요.

생태계
일정한 지역에 사는 생물과 빛, 공기, 물 등의 환경을 모두 포함한 서식지 전체를 뜻해요.

▲ 열대우림

▲ 초원

▲ 강

▲ 바다

생물은 생태계에서 여러 가지 환경 요인 또는 다른 생물과 서로 영향을 주고 받으면서 살아가요. 특히, 한 생태계는 그 환경에 적응하면서 살아남고 진화한 생물들로 구성되어 있어요. 따라서 갯벌이나 사막처럼 생태계가 다르면 그 생태계에 사는 생물종의 구성도 달라져요.

예를 들어, 습기가 많은 갯벌에는 조개와 같은 어패류나 게와 같은 갑각류 등이 서식하지만, 건조하고 기온이 높은 사막에서는 선인장이나 낙타 등이 서식해요. 생태계가 달라지면 서식하는 생물종도 달라지므로, 생태계 다양성이 높을수록 종 다양성도 높게 나타나요. 생물의 개체에서 다양한 변이는 유전적 다양성으로 인해 각기 다른 생태계에서 생존에 유리한 개체가 자연 선택되고, 생태계마다 적응하여 사는 생물

갯벌

사막

종이 다양해져 생물이 진화하게 되는 거예요. 결국, 생물 다양성은 유전적 다양성뿐만 아니라 종 다양성과 생태계 다양성을 모두 고려해야 하는 것이에요.

▲ 생물의 다양성

### 내신필수 체크

1  생물 다양성을 이루는 세 가지 요소는 무엇인지 쓰시오.
2  일정한 지역에 다양한 생물종이 사는 것은 무엇과 관련이 있는가?

답 1. 유전적 다양성, 종 다양성, 생태계 다양성  2. 종 다양성

## 생물 다양성의 중요성

지구에 사는 모든 생물은 생태계 안에서 다른 생물과 상호 작용하며 저마다 고유한 기능을 수행하고 있어요. 식물은 광합성을 할 때 대기 중의 이산화 탄소를 흡수하고 생물이 호흡에 이용할 수 있는 산소를 내놓으며, 다양한 생물은 서로 먹고 먹히면서 복잡하게 얽혀있어요. 또, 우리는 식량, 의복, 의약품 등에 필요한 자원을 생물에서 얻어요.

쌀이나 밀, 콩 등의 식물은 식량으로 이용하며 목화나 누에고치는 천연 섬류의 원료가 되며, 버드나무 껍질에서는 해열 진통제인 아스피린

의 주성분을 얻어내고, 푸른곰팡이에서는 항생제인 페니실린을 얻고 있어요. 생물 다양성이 높을수록 생물에서 얻을 수 있는 자원이 풍부해지는 것이에요.

▲ 목화(의복 재료)

▲ 버드나무 껍질(아스피린 성분)

그리고 숲이나 갯벌, 들이나 바다처럼 잘 보전된 상태의 생태계는 관광 산업에도 활용되고 있어요. 결국, 생물 다양성은 사람뿐만 아니라 모든 생물에게 매우 중요하므로 잘 보존되어야 하겠지요?

## 생물 다양성의 보전

최근 조사 자료에 따르면 생물의 다양성이 인간의 활동으로 심각하게 줄어들고 있다고 해요. 생물 다양성이 감소하는 원인으로는 **서식지 파괴, 불법 포획과 남획, 외래종 유입, 환경 오염** 등을 들 수 있어요.

숲의 나무를 베고, 습지를 흙으로 메꾸어 농지를 만드는 등의 과도한 개발로 인하여 생물이 살아가는 서식지가 파괴되면서 생물이 먹이를 구하고 살아갈 공간이 줄어들어 생물 다양성이 감소하는 것이에요.

또한, 야생 동식물을 불법으로 채취하거나 사냥하는 등 생물을 과도하게 잡게 되면서 생물 다양성이 감소하게 돼요. 그리고 원래 살던 서식지에서 벗어나 다른 지역으로 이동한 생물을 **외래종**이라고 하는데, 이러한 외래종이 다른 서식지의 새로운 환경에 적응하여 살아남으면서 대량으로 번식하여 그 지역에 원래부터 살고 있던 토종 생물의 생존을 위협하여 생물 다양성을 감소시키고 있어요.

화석 연료, 농약, 비료 등의 사용이 많아지고, 쓰레기 배출이 증가하면서 환경이 오염되는 것도 생물 다양성을 감소시키고 있어요. 특히, 대기 오염으로 산성비가 내리면서 삼림이나 하천, 호수, 토양 등이 산성화되어 그곳에서 서식하는 생물에 피해를 주어 생물 다양성을 감소시킨답니다.

생물의 멸종을 막고, 생물 다양성을 보전하기 위해서는 개인적으로는 자원 재활용이나 에너지 절약을 실천하고, 저탄소 제품을 사용하는 등의 노력을 통해 환경 오염을 줄여야 해요. 그리고 생물 다양성을 보전하기 위한 국가 수준의 법 제정과 체계적 관리도 필요해요. 또한, 지속 가능한 에너지 자원을 확보하고, 지구 기후 변화에 대응하는 사회와 국가 수준에서의 노력이 필요해요. 생물 다양성 보존은 지구 전체의 문제로 사회적, 국가적, 더 나아가서는 국제적인 노력이 필요해요.

**내신 필수 체크**

1 우리가 푸른곰팡이에서 얻을 수 있는 생물 자원은 무엇인지 쓰시오.
2 생물 다양성을 감소시키는 요인을 | 보기 |에서 있는 대로 고르시오.

| 보기 |
ㄱ. 외래종 유입          ㄴ. 서식지 파괴          ㄷ. 환경 오염
ㄹ. 불법 포획, 채취, 남획     ㅁ. 토종 생물의 번식

답 1. 페니실린 2. ㄱ, ㄴ, ㄷ, ㄹ

## 미리보는 탐구 서·논술

**1** 다음과 같은 사례가 생긴 이유를 설명해 보자.

> 한때 바나나 농장에서 '그로 미셸'이라는 품종의 바나나를 대규모로 재배하였다. 그런데 씨 없는 바나나에 치명적인 곰팡이병인 파나마병이 유행하던 시대에 모두 멸종하였다. 이후 전 세계 바나나 농장에서 파나마 병에 강한 '캐번디시'라는 씨 없는 바나나 품종을 생산하였다.

▲ 캐번디시 바나나

**2** 아프리카코끼리와 우리나라 토종 물고기가 생존 위협을 받고 있다고 한다. 각각 어떤 이유로 인한 것인지 사진을 참고하여 설명해 보자.

▲ 아프리카코끼리

▲ 외래종 물고기-입이 큰 배스

---

✎ **예시답안**

**1** 생물종의 유전적 다양성이 높을수록 환경이 급격히 변하더라도 그 생물종은 살아남아서 종을 유지할 확률이 높아진다. 한 가지 품종만 대량 재배하므로 유전적 다양성이 낮아 환경 변화에 취약한 것이다.

**2** 상아를 얻기 위하여 불법 사냥으로 아프리카코끼리는 현재 멸종 위기에 처해 있다. 그리고 우리나라에서도 호랑이, 늑대, 여우 등의 대형 포유류가 무분별한 사냥에 의해 멸종 위기에 처하거나 일부는 멸종되었다. 우리나라의 하천으로 유입된 외래종 배스는 대량 번식하면서 하천 생태계의 먹이 사슬을 파괴하여 토종 생물의 수가 급격히 줄어들면서 생물 다양성을 감소시키고 있다.

# VIII

# 생태계와
# 환경

# 22 생태계의 구성과 환경

우리의 삶은 한 편의 뮤지컬 같아!

뮤지컬을 본 적이 있나요? 한 편의 뮤지컬이 완
성되기 위해서는 다양한 개성을 가지는 배우들
과 무대 장치, 그리고 등장인물의 캐릭터를 완성해
주는 의상과 소품이 배경 음악과 함께 조화를 이룰
때 가능해요. 생물이 살아가는 터전이 되는 생태계 또
한 뮤지컬처럼 여러 요소가 서로 영향을 주고받으면서 완성이 되는 것이에요.

## 생태계

사람을 포함한 모든 생물은 다른 생물과 그리고 빛, 공기, 물 등의 주
위 환경과 서로 영향을 주고받으며 하나의 커다란 체계를 이루고 있는
데 이것을 생태계라고 해요. 생태계 안에 사는 생물은 독립적으로 살지
않고, 무리를 이루면서 살아가고 있어요. 이때 참새, 사슴, 토끼풀 등

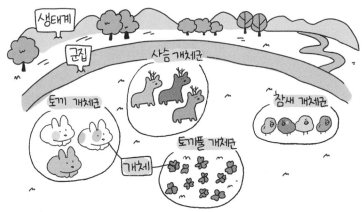

▲ 생태계는 개체 → 개체군 → 군집 → 생태계의 순서로 구성된다.

하나의 독립된 생명체를 **개체**라고 하고, 참새 무리, 사슴 무리, 토끼풀 밭 등 일정한 지역에 사는 같은 종의 개체들을 **개체군**이라고 해요. 그리고 참새 개체군, 사슴 개체군, 토끼풀 개체군 등 여러 개체군이 모여있는 것을 **군집**이라고 해요. 또, 군집을 이루는 생물은 다른 생물 또는 환경과 영향을 주고받으며 살아가는데, 이를 **생태계**라고 해요.

생태계는 자연 상태에서 작은 연못, 호수, 강, 바다, 숲, 사막 등 다양한 크기로 나타나요. 도시의 공원이나 저수지 등 사람이 인위적으로 만든 것도 생태계라고 할 수 있어요.

## 생태계의 구성 요인

생태계는 생물적 요인과 비생물적 요인으로 구성되어 있으며, 두 요인은 서로 상호 작용을 하고 있어요. **생물적 요인**은 생태계 내에 존재하는 동물, 식물, 세균 등 살아있는 모든 생물을 뜻해요. 생태계 내에서 어떤 역할을 하느냐에 따라 생물적 요인은 생산자, 소비자, 분해자로 구분해요.

**생산자**는 이름에서 알 수 있듯이 양분을 스스로 생산하는 역할을 해요. 즉, 태양의 빛에너지를 이용해 광합성을 하여 생명 활동에 필요한 양분을 스스로 만드는 생물로, 식물 플랑크톤과 식물이 이에 해당해요.

**소비자**는 생산자와는 달리 양분을 스스로 만들지 못하고, 다른 생물을 먹이로 하여 양분을 얻는 생물로, 토끼, 사슴, 사자, 여우 등이 이에 해당해요.

**분해자**는 생물의 배설물이나 죽은 생물을 분해하여 양분을 얻는 생물로, 세균, 곰팡이, 버섯 등이 이에 해당해요.

**비생물적 요인**은 빛, 온도, 물, 공기, 토양 등 생물을 둘러싸고 있는 환경을 뜻해요. 이러한 비생물적 요인과 생물적 요인은 서로 영향을 주

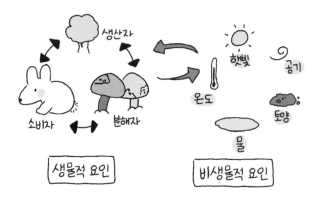

생산자
소비자
분해자
생물적 요인

햇빛
공기
온도
토양
물
비생물적 요인

고받으면서 생태계를 구성하고 있어요. 비생물적 요인이 생물에게 어떠한 영향을 주는지, 생물은 환경에 어떻게 적응하며 살아가는지 알아볼까요?

## 생물과 환경(빛)

숲길을 걸어 본 적이 있나요? 어떤 숲길은 나뭇잎이 빽빽하게 들어차 있어서 하늘이 거의 보이지 않기도 하지요. 이것은 나뭇잎이 조금이라도 햇빛을 더 많이 받을 수 있도록 가지들이 엇갈려 있기 때문이에요. 그리고 같은 나무에서 자라는 잎도 햇빛을 받는 위치에 따라 잎의 모양이 조금씩 달라요. 강한 빛을 받는 잎은 광합성이 활발하게 일어나는 울타리 조직이 발달하여 잎이 두꺼워지고, 약한 빛을 받는 잎은 얇고 넓어지면서 효과적으로 빛을 흡수해요. 이처럼 빛의 세기는 식물에

울타리
조직

빛의 세기가 강한 곳의 잎
은 광합성이 활발하게
일어나는 울타리 조직이
발달하여 두꺼워요.

큰 영향을 주고 있어요.

또한, **빛의 파장**도 생물에 영향을 주는데, 해조류는 바다의 깊이에 따
라 다르게 분포해요. 가시광선은 파장에 따라 색이 달라요. 적색광은
파장이 길고 청색광은 파장이 짧아요. 붉은색의 적색광은 수심이 얕은
곳까지만 도달하기 때문에, 적색광을 주로 이용하는 녹조류는 얕은 바
다에 분포해요. 반면, 파란색의 청색광은 수심이 깊은 곳까지 도달하기
때문에, 청색광을 주로 이용하는 홍조류는 깊은 바다에 많이 분포해요.
이처럼 생물은 빛의 세기와 파장 등 비생물적 요인의 영향을 받으면서
환경에 적응하며 살아가고 있어요.

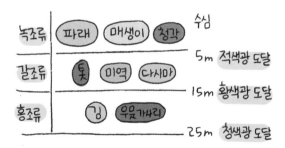

여기서잠깐!!
물체는 자신과 같은 색의 빛을 반사해요. 녹조류는 자신과
같은 색인 초록빛은 반사하고 붉은빛을 흡수해서 이용해
요. 홍조류는 자신과 같은 색인 붉은빛은 반사하고, 파란빛
을 흡수하여 이용해요.

빛의 파장이 달라지면서 해조류의 분포는 달라진다. 일반적으로 얕은 바다에서는
(        )가 분포하고, 깊은 바다에서는 (        )가 분포한다.

답 녹조류, 홍조류

## 생물과 환경(온도)

생물은 온도가 낮아지면 물질대사가 느려지고, 온도가 지나치게 높아
지면 효소를 포함한 몸 안의 물질이 변성되어 생명 활동에 지장을 받아
요. 개구리와 같은 변온동물은 겨울에 기온이 낮아지면 체온이 함께 낮
아져 물질대사가 원활하게 일어나지 않으므로, 생존을 위해 겨울에는
땅속에서 겨울잠을 자면서 환경에 적응해요.

반면에 조류, 포유류와 같은 정온 동물은 체온을 일정하게 유지할 수
있도록 몸의 형태가 변하여 환경에 적응해서 살아요. 따라서 추운 지방
에 사는 정온 동물은 몸이 깃털이나 털로 덮여 있고, 피하 지방이 두꺼
워 열이 몸 바깥으로 빠져나가는 것을 막아요.

포유류는 추운 지역에 사는 동물일수록 몸집이 크고, 몸의 말단부가
작아지는 형태를 가지고 있어요. 예를 들면, 추운 지역에 사는 북극여
우는 몸집이 크고 귀와 같은 몸의 말단부가 작은 형태라서 열이 몸 밖

으로 방출되는 것을 막지만, 더운 지역에 사는 사막여우는 몸집이 작고 귀와 같은 몸의 말단부가 커서 열을 몸 밖으로 잘 방출해요.

## 생물과 환경(물, 공기, 토양)

우리 몸을 구성하는 성분은 대부분 무엇으로 이루어져 있을까요? 바로 물이에요. 물은 생물체 몸의 약 70 % 이상을 차지하며, 생명을 유지하는 데 꼭 필요한 물질이에요. 생물은 환경의 수분 조건에 따라 다양하게 적응하며 살아가고 있어요.

몸에서 수분이 증발하여 빠져나가는 것을 막기 위해서 곤충은 몸 표면이 단단한 키틴질로 되어 있고, 파충류나 조류의 알은 단단한 껍질로 싸여 있어요. 도마뱀, 뱀, 악어 등의 파충류는 몸 표면이 비늘로 덮여 있어요. 그리고 건조한 지역에 사는 식물은 잎이 가시 모양이어서 수분의 증발을 막아 줘요. 그래서 물이 부족한 사막에 사는 선인장의 잎은 모두 가시 모양을 하고 있는 거예요.

▲ 악어와 알

▲ 선인장의 가시

공기에는 생물이 호흡할 때 필요한 산소와 식물이 광합성할 때 필요한 이산화 탄소가 들어 있어요. 따라서 생물의 호흡과 광합성의 결과로 공기 성분이 변한답니다. 식물이 광합성을 하면 공기 중 이산화 탄소의 양은 줄어들고 산소를 내보내므로 산소의 농도가 높아져요. 이것은 오히려 생물이 비생물적 요인에 영향을 준 경우예요. 반대로 공기가 생물에 영향을 준 예도 있는데, 고산지대에 사는 사람들은 공기가 부족한 환경에 적응하며 살도록 적혈구 수가 평지에 사는 사람보다 많다는 사실이에요.

토양에는 지렁이, 미생물, 두더지 등이 살고 있고, 식물이 자라는 데 필요한 물과 무기 양분이 공급되는 장소예요. 이러한 토양 속에 사는 미생물은 생물의 배설물이나 죽은 생물을 분해하여 유기물을 무기물로 분해하고, 다른 생물에게 양분을 제공하거나 토양으로 되돌려 보내는 역할을 하고 있어요. 특히 지렁이는 토양 속을 이리저리 돌아다니면서 토양에 구멍을 만들어 공기가 잘 통하게 해주고 있어요. 이렇게 생물이 비생물적 요인인 토양에 영향을 주기도 해요. 이처럼 모든 생물은 환경과 상호 작용하며 살아가고 있어요.

지렁이의 배설물에는 영양 물질이 많아 지렁이가 많은 곳은 토양이 비옥해요.

내신필수 체크

1 북극여우가 사막여우보다 몸집이 크고, 몸의 말단부가 작은 것과 관련이 깊은 비생물적 요인은 무엇인가?

2 사막에서 자라는 선인장의 잎이 가시로 변한 것과 가장 관련이 깊은 비생물적 요인은 무엇인가?

답 1. 온도 2. 물

# 미리보는 탐구 서·논술

◼ 다음은 생태계의 여러 요인의 영향에 관한 사례를 나타낸 것이다.

> 사례 1: 숲에는 피톤치드라는 몸에 좋은 물질이 많다. 이것은 나무가 세균으로부터 자신을 보호하기 위해 피톤치드라는 살균 물질을 분비하기 때문이다.
>
>
>
> 사례 2: 공기가 매우 희박한 고산지대에 사는 사람들의 몸에는 평지 사람들보다 적혈구 수가 많다.
>
> 사례 3: 추운 지역에 사는 털송이풀은 잎이나 꽃에 털이 나 있고, 온대 지방의 낙엽수는 가을에 단풍이 들어 잎을 떨어뜨린다. 사철나무와 같은 상록수의 잎은 두꺼운 큐티클층으로 되어 있어 잎을 떨어뜨리지 않는다.
>
> 사례 4: 대부분의 새는 겨울보다 일조 시간이 길어지는 봄에, 송어와 노루는 여름보다 일조 시간이 짧아지는 가을에 번식한다.

**1** 사례 1은 생태계의 비생물적 요인 중 무엇에 영향을 주는가?

**2** 사례 2의 이유는 무엇인가?

**3** 사례 3과 같은 다른 예를 제시하시오.

**4** 사례 4는 생태계의 비생물적 요인 중 무엇의 영향인가?

---

### 예시답안

**1** 주변 공기의 성분이 변한다.

**2** 고산지대는 공기가 매우 희박하므로 사람의 몸에 산소가 원활하게 공급되게 하기 위해서 혈액 속에서 산소를 운반하는 적혈구 수가 많아진 것이다.

**3** 식물이 온도에 대해 적응하는 현상을 나타내고 있다. 철새나 어류의 계절적 이동, 동물의 겨울잠은 온도에 대한 적응 현상이다.

**4** 일조 시간은 구름이나 안개에 가려지지 않고 실제로 햇볕이 내리쬐는 시간을 말한다. 따라서 빛이 동물의 생식에 영향을 주는 것을 나타낸다.

**4부**

환경과 에너지

# 23 생태계 평형

서로 도우며 우리가 만드는 안정된 세상!

경상남도 창녕군에 가면 국내에서 최대 습지인 우포늪이 있어요. 이곳은 세계 여러 나라가 함께 보호하기로 약속한 람사르 협약에 따른 보존 습지예요. 우포늪에는 백로, 왜가리, 기러기, 고니, 논병아리, 개구리밥, 가시연꽃, 창포 등 다양한 생물

들이 상호 작용하면서 생태계를 이루고 있어요. 이러한 생태계는 어떻게 안정되게 유지될까요?

## 먹이 관계와 생태 피라미드

숲이라는 생태계에는 크고 작은 나무들과 풀, 지렁이와 곤충, 다람쥐와 토끼, 뱀, 참새, 독수리 등 다양한 생물이 살고 있어요. 이들은 서로 먹고 먹히는 관계에 있어요. 예를 들어, 생산자인 풀은 토끼와 같은 1차 소비자인 초식동물의 먹이가 되고, 토끼는 다시 2차 소비자인 뱀의 먹이가 되며, 뱀은 다시 3차 소비자인 독수리의 먹이가 돼요. 이처럼 생태계에서 생산자부터 1차, 2차 소비자와 최종 소비자까지 상위 단계의 소비자에게 먹히는 관계가 사슬 모양으로 연결된 것을 **먹이 사슬**이라고 해요. 그런데 실제로 생태계에서는 다양한 생물이 함께 살아가고 있어서 하나의 먹이 사슬로만 연결되지 않고, 여러 개의 먹이 사슬이 그물처럼 서로 얽혀 복잡하게 나타나요. 이것을 **먹이 그물**이라고 해요.

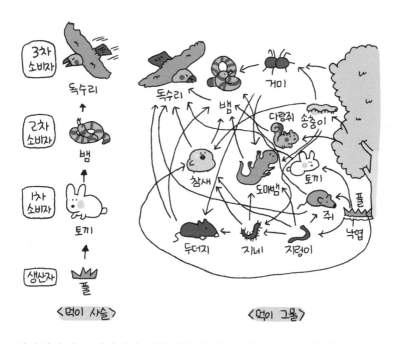

<먹이 사슬>

3차 소비자 — 독수리

2차 소비자 — 뱀

1차 소비자 — 토끼

생산자 — 풀

<먹이 그물>

독수리, 뱀, 거미, 다람쥐, 송충이, 참새, 도마뱀, 토끼, 쥐, 두더지, 지네, 지렁이, 낙엽, 풀

생태계에서는 생산자가 광합성을 통해서 이산화 탄소와 물을 이용하여 포도당과 같은 유기물을 합성하고, 이 유기물은 먹이 사슬을 통해서 소비자로 이동해요. 이 과정에서 에너지도 상위 영양 단계로 이동해요. 이때 에너지는 각 영양 단계 생물의 호흡에 사용되고, 일부는 열에너지 형태로 방출되므로, 상위 영양 단계로 갈수록 에너지의 양은 줄어들어요.

예를 들어, 생산자인 식물의 잎을 애벌레가 먹을 때, 잎에서 광합성을 통해 만든 에너지의 일부는 식물의 생명 활동에 사용되므로, 사용하고 남은 에너지가 애벌레에게 전달되는 거예요. 그리고 애벌레도 호흡을 하거나 생명 활동을 하면서 전달받은 에너지의 일부를 소모하므로, 사용하고 남은 에너지가 애벌레를 잡아먹은 상위 영양 단계인 참새에게 전달되지요. 이처럼 식물이 합성한 전체 에너지는 다음 상위 영양 단계로 갈수록 점차 감소하게 돼요. 생태계는 상위 영양 단계에 있는 생물의 개체 수가 하위 영양 단계에 있는 생물의 개체 수보다 적을 때 안정하게 유지돼요. 즉, 각 영양 단계에서의 에너지양, 생물량, 개체 수는 하위 영양 단계부터 상위 영양 단계로 갈수록 줄어드는 피라미드 모양을 이루게 되는데, 이것을 **생태 피라미드**라고 해요.

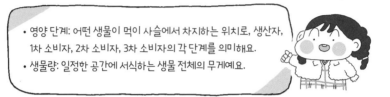

- 영양 단계: 어떤 생물이 먹이 사슬에서 차지하는 위치로, 생산자, 1차 소비자, 2차 소비자, 3차 소비자의 각 단계를 의미해요.
- 생물량: 일정한 공간에 서식하는 생물 전체의 무게예요.

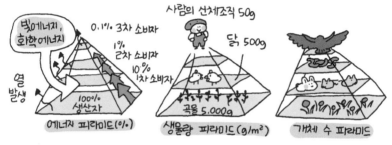

▲ **생태 피라미드** 안정된 생태계에서는 에너지양, 생물량, 개체 수가 상위 영양 단계로 갈수록 감소한다.

생태 피라미드에서 볼 수 있듯이 상위 영양 단계로 갈수록 생물이 이용할 수 있는 에너지양이 줄어들므로 먹이 사슬은 계속 늘어날 수 없고, 제한되는 것이에요.

## 생태계 평형

안정한 생태계에서는 생물의 종류나 개체 수가 크게 변하지 않고, 물질과 에너지의 이동도 원활하게 이루어져요. 이처럼 생태계를 이루는 생물의 종류와 개체 수, 물질의 양, 에너지 흐름 등이 안정한 상태를 유지하는 것을 **생태계 평형**이라고 해요. 생태계 평형은 주로 먹이 관계로 유지되고 있어요. 생태계에 사는 생물종의 다양성이 높아서 먹이 사슬이 얽히면서 먹이 그물이 복잡할수록 생태계 평형이 잘 유지되는 것이에요.

예를 들어, 아래 그림의 생태계에서 쥐가 멸종하면, 생태계 A에서는 쥐를 먹이로 하는 뱀과 매도 멸종할 수 있어요. 하지만 생태계 B에서는 쥐가 멸종하더라도 뱀과 매는 토끼나 개구리를 먹고 살 수 있으므로 멸종하지 않는 거예요.

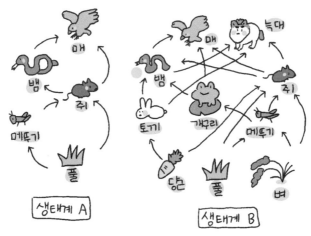

▲ 먹이 그물이 복잡한 생태계 B에서 생태계 평형이 더 잘 유지된다.

먹이 그물이 단순하면 한 생물종의 개체 수가 크게 변하였을 때, 이를 먹이로 하는 다른 생물종도 크게 영향을 받아 생태계 평형이 깨질 수 있지만 먹이 그물이 복잡하면 어느 한 생물종의 개체 수가 변하더라도 다른 생물종이 그 역할을 대신할 수 있으므로 생태계의 평형을 유지할 수 있어요.

종이 다양하고 먹이 그물이 복잡할수록 생태계 평형이 잘 유지돼요!

그런데 안정한 생태계라도 일시적으로 환경이 변하면 생태계 평형이 깨질 수 있어요. 하지만 안정한 생태계는 스스로 다시 안정한 상태로 돌아가는 회복 능력이 있어요. 어떤 요인으로 1차 소비자가 일시적으로 증가하면 먹이인 생산자는 감소하므로 생태계 평형이 깨지게 돼요. 그러나 1차 소비자가 증가하면서 그것을 먹이로 하는 2차 소비자도 함께 증가하게 되므로, 먹이가 되는 1차 소비자는 다시 감소해요. 따라서 1차 소비자의 먹이가 되는 생산자가 다시 증가하면서 생태계는 평형을 회복하는 거예요.

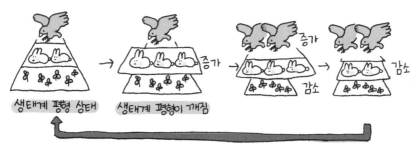

▲ 안정한 생태계는 일시적으로 평형이 깨어지더라도 먹이 관계에 의해 다시 평형을 회복한다.

내신 필수 체크

**1** 여러 개의 먹이 사슬이 그물처럼 서로 얽혀 복잡하게 나타나는 것을 무엇이라고 하는가?

**2** 먹이 관계에서 상위 영양 단계로 갈수록 에너지양과 생물량, 개체 수가 점점 감소하는 것을 피라미드 모양으로 나타낸 것을 무엇이라고 하는가?

**3** 생태계를 구성하는 생물의 종류와 개체 수, 에너지의 흐름이 안정적으로 유지되는 상태를 무엇이라고 하는가?

답 1. 먹이 그물 2. 생태 피라미드 3. 생태계 평형

## 환경 변화와 생태계

생태계는 스스로 평형을 유지하는 능력이 있지만 생태계가 평형을 유지할 수 있는 한계를 넘는 환경 변화가 일어나면 생태계의 평형은 깨질 수 있어요. 먼저 이런 환경 변화에는 홍수에 의한 산사태, 지진, 대규모의 화산 분출 등과 같은 자연적인 것이 있어요.

최근에는 인간의 활동으로 인한 생태계 파괴도 많이 일어나고 있어요. 산업이 발달하면서 도시와 도로 건설을 위해 숲을 훼손하여 생물의 서식지가 파괴되고 있어요. 또, 식량을 대량으로 생산하기 위해 농경지와 목축지를 확보하면서 삼림 벌채가 이뤄지고 있어요. 이로 인해 생물의 서식지가 파괴되고, 농약이나 비료의 사용으로 토양은 오염되고 있어요. 뿐만 아니라 자동차의 배기가스에 의한 대기 오염, 선박 사고로 유출된 기름과 생활 하수나 공장 폐수로 인해 물, 토양이 오염되면서 생태계의 균형이 깨지고 있어요. 이처럼 자연재해나 인간의 활동에 의해 환경이 변하면서 생태계가 파괴되면 원래 상태로 회복되기 어렵고 시간도 많이 걸리므로, 생태계를 보전할 수 있는 다양한 노력이 필요해요.

생태계 보전을 위한 노력 중 하나가 생태 통로예요. 생태 통로는 도

▲ 야생 동물을 위한 생태 통로

로 건설 등으로 생물의 서식지가 나뉘었을 때 이를 연결하는 통로로, 야생 동물이 자유롭게 이동할 수 있게 하여 로드킬을 막는 거예요.

건강한 생태계와 그곳에서 서식하는 다양한 생물은 인류의 생존과도 연결되므로 생태계 평형과 다양한 생물종이 보존될 수 있게 하는 노력이 필요해요. 멸종 위기에 있는 생물은 보호 구역을 지정하여 통제하고 관리해야 하고, 댐을 만들기 위해서 끊었던 물길이나 생태적 기능을 잃은 하천을 복원하기 위한 노력도 필요해요. 도심에는 숲이나 옥상 정원을 조성하여 생태 환경을 개선하려는 노력이 이뤄지고 있어요.

▲ 옥상 정원

생태계가 파괴된 곳에서는 우리 인간도 살아갈 수 없으므로, 생태계 보전을 위해 우리가 해야 할 일을 찾아서 실천해야 하겠지요?

내신 필수 체크

1 인간의 활동으로 인한 생태계 파괴의 원인을 | 보기 |에서 모두 고르시오..

| 보기 |
　ㄱ. 홍수　　　　　ㄴ. 화산 분출　　　　ㄷ. 도시와 도로 건설
　ㄹ. 선박 사고로 인한 기름 유출　　　　ㅁ. 경작지 개발

2 야생동물이 자유롭게 이동할 수 있도록 연결한 통로를 무엇이라고 하는가?

답 1. ㄷ, ㄹ, ㅁ 2. 생태 통로

# 미리보는 탐구 STAGRAM

## 멸치의 먹이 관계와 생태계 평형

① 마른 멸치는 따뜻한 물에 넣어 불린 다음 꺼내어, 멸치의 몸통을 해부하여 위를 찾아 분리한다.

② 해부 침으로 위 속의 내용물을 분리하여 받침 유리에 놓고 현미경 표본을 만들어 현미경으로 관찰한다.

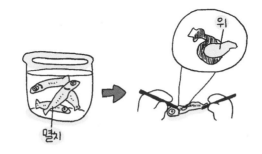

---

 멸치 위에서 관찰된 것은 무엇이며, 어떤 의미가 있나요?

 식물성 플랑크톤과 동물성 플랑크톤이고, 멸치의 먹이가 되는 생물이지요. 식물성 플랑크톤은 광합성을 하는 생산자이고, 동물성 플랑크톤은 이를 잡아먹는 1차 소비자예요.

 멸치가 포함된 생태계에서 멸치 수가 줄어들어도 생태계 평형이 유지되나요?

 네, 유지돼요. 멸치의 개체 수가 줄어들면, 멸치의 먹이인 플랑크톤이 증가하고 멸치를 먹는 포식자의 수는 줄어요. 그러면 멸치의 수는 다시 늘어나고 멸치를 먹는 포식자도 다시 증가하면서 플랑크톤이 감소하면서 생태계 평형은 유지되는 것이에요.

 새로운 댓글을 작성해 주세요.        등록

✎ 이것만은!  • 멸치는 생산자인 식물성 플랑크톤과 1차 소비자인 동물성 플랑크톤을 먹이로 하는 2차 소비자이다.
• 멸치의 개체 수가 일시적으로 줄어들거나 늘어나더라도 생태계는 다시 평형 상태가 된다.

4부

환경과 에너지

# 미리보는 탐구 서·논술

**1** 자연적으로 발생하는 홍수나 대규모 화산 분출로 인해 생태계가 파괴될 수 있다. 어떻게 생태계가 파괴되는지 설명하시오.

**2** 산업이 발달하면서 도시화가 진행되고 도시와 도로 건설을 위해 숲을 훼손하여 생물의 서식지가 파괴되고 있다.

(1) 로드킬에 대한 예방책을 써 보자.

(2) 인간의 활동에 의해 생계계가 파괴되는 다른 예를 써 보자.

---
---
---
---
---

## 예시답안

**1** 폭우가 내리면서 홍수가 나면 산 중턱의 바윗돌이나 흙이 무너져 내리는 산사태가 발생한다. 이때 토양이 빗물과 함께 흘러내리면서 유실되고, 숲이 파괴되면서 숲에 살던 생물이 서식지를 잃게 된다. 또한, 대규모의 화산이 분출하면 뜨거운 용암이 흘러내리고, 화산재 등의 화산 분출물이 지면을 휩쓸면서 삼림은 황폐화되면서 생태계는 평형이 깨지게 된다.

**2** (1) 도로 건설로 나뉜 서식지를 연결하는 생태 통로를 설치한다.

(2) 식량을 대량으로 생산하기 위해 대평원을 경작지로 개발하면서 생물의 서식지가 파괴되고, 농약이나 비료의 사용으로 토양이 오염되고 있다. 자동차의 배기가스에 의한 대기 오염과 선박 사고로 유출된 기름과 생활 하수나 공장 폐수로 인해 공기와 물, 토양이 오염되면서 생태계의 균형이 깨지고 있다.

## 24 지구 환경의 변화

지구가 점점 뜨거워져!

남태평양의 적도 부근에 있는 작은 섬나라 투발루는 기후 변화로 인해 해수면이 상승하여 국토 전체가 수몰 위기에 처해 있어요. 9개의 섬 중 2개의 섬이 이미 바닷물에 잠겼고, 수십 년 후에는 나라 전체가 바다에 잠길지도 모른다고 해요. 그러면 지구의 기후는 왜 변하는 것일까요? 또 앞으로 지구의 기후는 어떻게 변할까요?

**4부**

**환경과 에너지**

## 기후 연구 방법

지구 환경은 지구의 역사가 시작된 이후 끊임없이 변해왔어요. 지구 환경의 변화 중 오늘날 인류의 미래를 심각하게 위협하고 있는 것 중 하나가 기후 변화예요. 수시로 변화하는 날씨와 달리 기후는 대기의 평균적인 상태로서 장기간의 대기 현상을 종합한 것이에요. 기후는 보통 30년 이상 관측한 결과를 바탕으로 한 평균값을 말해요.

최근의 기후 변화는 오늘날과 과거의 관측 자료를 비교하여 알 수 있어요. 그러면 기후에 대한 관측이 이루어지지 않았던 과거의 기후 변화는 어떻게 알 수 있을까요?

나무는 성장하면서 나이테를 형성하는데, 기온, 강수량 등 기후 변화에 따라 나무의 생장 속도가 달라 나이테 사이의 간격이 변한다고 해요. 기온이 낮고 건조한 기후가 지속되면 천천히 성장하여 폭이 좁은 나이테가 생기고, 좋은 기후 조건에서는 폭이 넓은 나이테가 생겨요.

24. 지구 환경의 변화  235

이와 같이 나무의 나이테를 분석하면 과거의 기후를 알아낼 수 있어요.

한편, 기후 변화에 따라 해수면 가까이에 서식하는 생물의 종류와 수가 달라질 수 있으므로, 해저 퇴적물 속에 보존된 생물의 화석을 연구하면 과거의 기후를 알아내는 데 유용한 정보를 얻을 수 있어요. 또, 식물의 꽃가루는 부패를 막기 위해 단단하고 밀랍 같은 물질로 덮여 있는데, 퇴적물 속에는 이러한 꽃가루가 썩지 않고 보존된 경우가 있어서 꽃가루를 분석하면 식생 변화를 통해 과거의 기후 변화를 추정할 수 있어요. 그밖에 빙하를 이용하여 과거의 기후에 대한 정보를 얻기도 해요. 특히 빙하 속에 갇혀 있는 공기 방울을 분석하면 빙하가 생성될 당시의 대기 조성을 알 수 있어요.

## 기후 변화의 원인과 지구 온난화

지구의 기후 변화는 여러 가지 요인이 복합적으로 작용하여 일어나요. 지구의 기후 변화에 영향을 주는 요인에는 어떤 것이 있을까요? 기후 변화는 지구 자전축의 기울기 변화와 같은 천문학적 요인에 의해서도 일어나며 대규모의 화산 폭발과 같은 지구 내부 요인에 의해서도 일어나요. 또, 지구가 받는 태양 복사 에너지의 양이 일정하더라도 대기의 조성이 달라지면서 기후가 변하기도 해요.

지구의 대기는 지구에 입사하는 태양 복사 에너지는 투과시키지만, 지구에서 방출하는 지구 복사 에너지는 흡수하여 재복사함으로써 지표의 온도를 높이는 역할을 하는데, 이를 온실 효과라고 해요. 온실 효과를 일으키는 기체를 온실 기체라고 하며, 주요 온실 기체에는 수증기, 이산화 탄소, 메테인 등이 있어요. 대기 중에 온실 기체가 많아지면 온실 효과가 증대되어 지구가 방출하는 에너지를 대기가 흡수하였다가 지표로 다시 복사하는 에너지의 양이 많아지므로 지구의 온도가 올라가게 돼요. 최근에는 인간의 활동에 의해 지구의 평균 온도가 상승하는 현상이 나타나고 있는데, 이러한 현상을 지구 온난화라고 해요.

과학자들에 의하면 지구 온난화는 산업 혁명 이후 석탄, 석유 등의 화석 연료 소비량이 증가함에 따라 대기 중에 이산화 탄소와 같은 온실 기체 농도가 증가한 것이 주요 원인이라고 해요. 그밖에 경작지와 목초지 확대로 인한 과도한 삼림 벌채, 교통량 증가 등 인간의 경제 활동도 지구 온난화를 유발하는 것으로 생각되고 있어요.

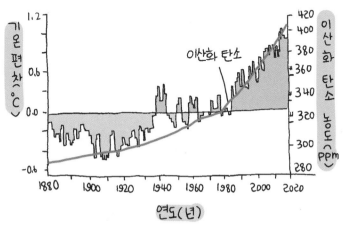

▲ 지구 전체 평균 기온과 이산화 탄소 농도 변화 경향

지구 온난화로 인한 기온 상승은 전 세계의 여러 분야에 영향을 미치고 있어요. 지구의 평균 기온이 상승하면 해수의 부피가 팽창하고, 극지방이나 고산 지역에 분포하는 빙하가 녹아 바다로 유입되면 해수면이 올라가요. 해수면이 올라가면 해안 지역에 발달한 도시나 경작지가 침수되어 피해가 발생할 뿐 아니라 해안 저지대에 서식하는 생물 군락에도 심각한 악영향을 미치게 돼요. 또, 강수량과 증발량이 변하여 기상 이변이 발생하고, 대기와 해수의 순환에도 영향을 미치게 돼요.

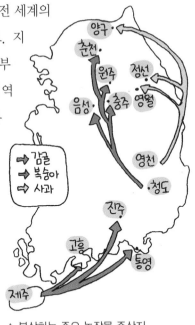

▲ 북상하는 주요 농작물 주산지

지구 온난화로 사계절이 뚜렷하던 우리나라는 여름이 길어지고 겨울은 짧아지고 있어요. 또, 기후가 온대 기후에서 아열대 기후로 바뀌고 있으며, 이러한 경향이 지속될 경우 주요 작물의 재배지와 주요 어종의 서식지가 북상할 것으로 예상되고 있어요.

### 내신 필수 체크

1 지구 대기가 지구 복사 에너지를 흡수하여 재복사함으로써 지표의 온도를 높이는 현상을 무엇이라고 하는가?

2 지구 온난화가 현재와 같은 추세로 진행된다면 우리나라에서 겨울의 길이는 어떻게 변하겠는가?

답 1. 온실 효과 2. 짧아진다.

## 대기와 해수의 순환

지구 온난화는 대기와 해수에도 영향을 주고 있으며 대기와 해수는 끊임없이 움직이면서 에너지를 수송하고 기후에 영향을 주고 있어요. 그러면 대기와 해수는 어떻게 에너지를 수송할까요?

지구는 구형이기 때문에 위도에 따라 지구에 출입하는 에너지의 양이 달라요. 저위도 지방은 지구가 흡수하는 태양 복사 에너지의 양이 지구가 방출하는 지구 복사 에너지의 양보다 많아 에너지가 남고, 고위도 지방은 이와 반대로 에너지가 부족해요. 따라서 저위도 지방과 고위도 지방 사이에는 온도 차이가 생기며, 이로 인해 전 지구 규모의 대기 순환이 일어나는데, 이를 대기 대순환이라고 해요.

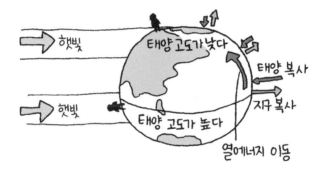

대기 대순환은 지구 자전의 영향으로 북반구와 남반구에 각각 3개의 순환 세포가 형성되며, 지표 부근에서는 저위도 지역에서 무역풍이 불고, 중위도 지역에서 편서풍이 불며, 고위도 지역에서 극동풍이 불어요.

해수면 위에서 바람이 일정한 방향으로 지속적으로 불면 바람과 해수면 사이의 마찰에 의해 해수가 일정한 방향으로 흐르게 되는데, 이를 표층 해류라고 해요. 표층 해류는 저위도에서는 무역풍의 영향으로 동쪽에서 서쪽으로 흐르고, 중위도에서는 편서풍에 의해 서쪽에서

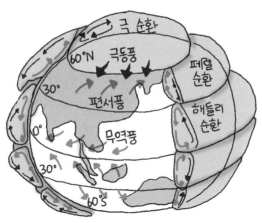

▲ 대기 대순환은 위도에 따른 에너지의 불균형과 지구의 자전 때문에 일어나며, 해들리 순환, 페렐 순환, 극순환으로 이루어져 있다.

동쪽으로 흘러요. 그리고 대륙 부근에서 남북 방향으로 갈라져 커다란 순환을 형성하는데, 이를 **표층 순환**이라고 해요. 표층 순환은 대기 대순환과 마찬가지로 적도를 경계로 북반구와 남반구에서 거의 대칭을 이루고 있어요.

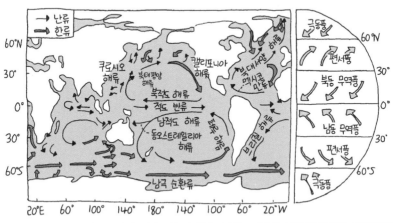

▲ 표층 해류는 대기 대순환에 의해 해수면 위에서 부는 바람에 의해 발생하며, 북반구에서는 시계 방향으로 순환하고, 남반구에서는 반시계 방향으로 순환한다.

## 엘니뇨와 사막화

대기와 해양의 상호 작용으로 일어나는 대표적인 현상 중 하나가 엘니뇨예요. 평상시 적도 부근에서는 무역풍의 영향으로 동태평양의 따뜻한 해수가 서쪽으로 이동하므로 동태평양에서는 심층의 차가운 해수가 표층으로 올라와 서태평양 해역보다 수온이 낮아요. 이 때문에 평상시에는 서태평양 지역에 상승 기류가 형성되어 비가 많이 내리고, 동태평양 지역은 하강 기류가 형성되어 비가 적게 내리고 건조한 날씨가 나타나요.

그런데 수년에 한 번씩 무역풍이 약해지면서 동쪽에서 서쪽으로 이동하는 따뜻한 해수의 흐름이 약해져서 동태평양 적도 부근 해역의 표층 수온이 평상시보다 높아지는데, 이것을 엘니뇨라고 해요.

엘니뇨가 발생하면 서태평양에는 강수량이 감소하여 가뭄이 발생하고, 동태평양에서는 강수량이 증가하여 폭우나 홍수가 발생하기도 해요. 엘니뇨와 반대로 무역풍이 평상시보다 강해지면 동태평양의 따뜻한 해수가 서쪽으로 이동하는 흐름이 강해져서 동태평양 적도 해역의 표층 수온이 평상시보다 낮아지는데, 이를 라니냐라고 해요. 라니냐가 발생

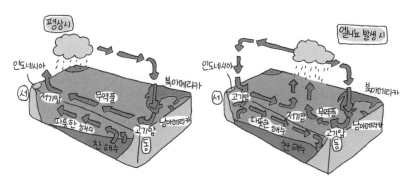

▲ 엘니뇨가 발생하면 무역풍에 의해 적도 부근 해역에서 서쪽으로 흐르는 따뜻한 해류의 흐름이 약해지고 상승 기류가 나타나는 지역이 평상시보다 동쪽으로 이동한다.

하면 서태평양 지역은 강수량이 증가하고, 동태평양 지역은 더욱 건조해져 가뭄이 발생해요. 엘니뇨나 라니냐가 발생하면 대기와 해양의 순환을 통해 적도 지역뿐 아니라 다른 지역에도 영향을 미쳐 세계 곳곳에서 가뭄이나 홍수, 폭설 등의 기상 이변이 발생해요.

**엘니뇨**
- 기권과 수권의 상호 작용으로 일어나요.
- 가뭄, 홍수, 이상 고온, 이상 저온 등 급격한 기온 변화 등 지구 전체에 영향을 주고 있어요.

대기 대순환은 사막 형성에도 영향을 주고 있어요. 하강 기류에 의해 고압대가 형성되는 위도 30° 부근에는 대체로 날씨가 맑고, 기후가 건조하여 사막이 많이 분포해요. 최근에는 사막 주변의 토지가 황폐해져 점차 확장되고 있는데, 이것을 **사막화**라고 해요.

사막화는 지구 온난화로 인해 대기 대순환이 변하는 자연적인 원인

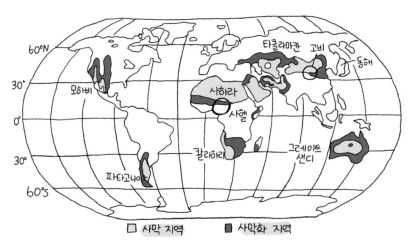

▲ 사막화는 주로 대기 대순환에 의해 하강 기류가 발생하여 강수량이 적고 증발량이 많은 위도 30° 부근에서 일어난다.

에 의해서도 나타나지만, 과잉 경작이나 무분별한 삼림 파괴와 같은 인위적 요인에 의해서도 나타나요. 숲이 사라지면 지표의 반사율이 증가하여 하강 기류가 발달하므로 지표가 더욱 건조해져서 사막화가 일어나요. 사막화가 심해지면 생태계가 파괴되고, 물과 식량이 부족해지는 현상이 발생할 수 있으며, 황사의 발생 빈도와 강도가 증가할 수 있어요.

이처럼 오늘날 인류는 기후 변화를 비롯하여 다양한 지구 환경 변화에 직면해 있어요. 지구 환경의 변화를 극복하기 위해서는 어떻게 해야 할까요?

먼저 지구 온난화는 전 지구적인 문제이기 때문에 이에 대처하기 위해서는 국제적인 노력이 필요해요. 현재 세계 대부분의 나라가 유엔기후변화협약에 참여하여 온실 기체 감축을 위해 노력하고 있어요. 또, 사막화를 억제하기 위해서는 숲의 면적을 늘리고, 무분별한 삼림 벌채와 지나친 가축의 방목을 줄여야 해요. 그리고 무엇보다 우리가 지구 환경 변화의 심각성을 인식하고 일상생활 속에서 에너지 절약, 자원 재활용 등 지구 환경 보존을 위해 노력하는 생활 태도를 갖는 것이 중요해요.

내신 필수 체크

1  대기 대순환에 의해 위도 30° 부근에서 적도 쪽으로 부는 바람을 무엇이라고 하는가?

2  무역풍이 약해지면서 동태평양 적도 부근 해역의 표층 수온이 평상시보다 높아지는 현상을 무엇이라고 하는가?

답 1. 무역풍  2. 엘니뇨

# 미리보는 탐구 서·논술

◼ 다음은 기후 변화 원인을 설명하는 몇 가지 주장을 나타낸 것이다. 각 주장이 어떻게 타당한지 설명해 보자.

주장 1: 지구 자전축의 기울기가 변하기 때문이에요.

주장 2: 대규모 화산 분출이 일어나기 때문이에요.

주장 3: 대륙 이동으로 대륙과 해양의 분포가 변하기 때문이에요.

## 예시답안

**주장 1** 지구는 하루를 주기로 자전하면서 일 년에 한 번씩 태양 주위를 공전하는데, 지구 자전축의 기울기는 현재 약 23.5°이지만, 오랜 시간에 걸쳐 21.5°~ 24.5° 사이에서 규칙적으로 변한다. 지구 자전축의 기울기가 변하면 지표에 입사하는 태양 복사 에너지의 양이 달라지므로 기후가 변한다. 지구 자전축의 기울기가 커지면 여름과 겨울에 지구가 받는 태양 복사 에너지양의 차이가 증가하여 계절에 따른 기온 변화가 크게 나타나 기온의 연교차가 커지고, 지구 자전축의 기울기가 작아지면 계절에 따른 기온 변화는 작게 나타난다.

**주장 2** 거대한 화산이 폭발하면 많은 양의 화산재와 화산 가스가 대기 중으로 분출된다. 이러한 성분들이 성층권까지 올라가면 지구로 들어오는 햇빛을 반사하여 지표에 도달하는 태양 복사 에너지의 양이 줄어들어 지구의 기온을 떨어뜨린다.

**주장 3** 대륙과 해양은 비열과 빛을 반사하는 정도가 다르므로 대기의 순환과 에너지의 출입에 영향을 준다. 따라서 판의 운동에 의해 대륙과 해양의 분포가 변하면 대기와 해수의 순환에 영향을 주어 지구의 기후가 변하게 된다.

# 25 에너지 전환과 이용

에너지의 변신은 무죄!

컴퓨터를 오랜 시간 사용하면 본체에서 열이 나는 것을 느낄 수 있어요. 또, 휴대 전화로 오래 통화하다 보면 전화기가 따뜻해지는 것을 느껴본 적이 있을 거예요. 이처럼 전자 제품을 오랜 시간 사용하면 열이 발생하는 까닭은 무엇일까요?

## 에너지의 종류

우리는 일상 생활에서 운동을 하기도 하고, 밤에는 전등을 켜서 방안을 밝히고, 몸을 씻기 위해 보일러를 켜서 물을 따뜻하게 데워서 사용하고 있어요. 인간을 비롯하여 모든 생명체는 활동을 할 때 에너지를 사용해요. 그뿐 아니라 자연에서 일어나는 모든 변화에는 에너지가 필요해요. 그러면 우리가 사용하는 에너지에는 어떤 것이 있을까요?

에너지는 일을 할 수 있는 능력을 말해요. 정지해 있는 물체를 들어 올리거나 움직이게 하기 위해서는 원동력이 필요한데, 그것이 바로 에너지예요. 에너지는 빛에너지, 퍼텐셜 에너지, 운동 에너지, 전기 에너지, 화학 에너지, 열에너지, 파동 에너지 등 다양한 형태로 존재해요.

빛에너지는 가시광선이나 자외선 등 빛의 형태로 전달되는 에너지예요. 퍼텐셜 에너지는 높은 곳에 있는 물체가 가지는 에너지이고, 운동 에너지는 운동하는 물체가 가지는 에너지예요. 물체가 가진 퍼텐셜 에너지와 운동 에너지를 합쳐서 역학적 에너지라고 해요.

화학 에너지는 물질 속에 저장되어 있는 에너지로 석유, 석탄, 천연
가스 등의 화석 연료나 우리가 먹는 음식물 속에 저장되어 있어요. 전
기 에너지는 전류가 흐를 때 공급되는 에너지로, 텔레비전이나 세탁기
와 같은 전기 제품을 작동시킬 때 이용되는 에너지예요.

열에너지는 물체를 이루는 원자의 진동이나 분자 운동에 의한 에너지
로, 온도가 높은 물체에서 온도가 낮은 물체로 이동하여 물체의 온도나
상태를 변하게 해요. 파동 에너지는 소리나 파도와 같이 파동이 가지는
에너지로, 공기나 물과 같은 매질의 진동으로 전달돼요. 그밖에 원자핵
이 분열하거나 서로 융합할 때 발생하는 핵에너지가 있어요. 핵에너지
는 원자력 발전이나 방사선 치료에 이용되고 있어요.

빛에너지
빛의 형태로
전달되는 에너지

전기 에너지
전류에 의해
생기는 에너지

역학적 에너지
물체가 가지는
운동에너지와
퍼텐셜 에너지

열에너지
온도가 높은 물체에서
낮은 물체로 이동하는
에너지

화학 에너지
물질에 들어있는
에너지

파동 에너지
파도나 소리와 같은
파장이 가지는 에너지

▲ 에너지는 우리 주변에 다양한 형태로 존재하며, 빛에너지, 퍼텐셜 에너지, 운동 에너지,
화학 에너지, 전기 에너지, 열에너지, 파동 에너지 등으로 나눌 수 있다.

## 에너지의 전환과 보존

우리 주변에 존재하는 다양한 에너지는 항상 한 가지 형태로만 존재할까요? 그렇지 않아요. 에너지는 한 형태에서 다른 형태로 바뀌기도 하는데 이것을 에너지 전환이라고 해요. 예를 들어, 폭포에서 높은 곳에 있는 물이 아래로 떨어질 때는 퍼텐셜 에너지가 운동 에너지로 전환되고, 식물이 광합성을 할 때는 빛에너지가 화학 에너지로 전환돼요. 또, 반딧불이가 빛을 낼 때는 반딧불이 몸속의 화학 에너지가 빛에너지로 전환돼요. 에너지의 전환은 자연 현상뿐만 아니라 일상생활 속에서도 다양한 형태로 나타나요. 우리가 운동할 때에는 화학 에너지가 운동에너지로 전환되고, 전기밥솥으로 밥을 지을 때는 전기 에너지가 열에너지로 전환돼요.

퍼텐셜 에너지가 운동 에너지로

전기 에너지가 열에너지로

그런데 에너지가 전환될 때는 한 종류의 에너지가 다른 한 종류의 에너지로만 전환되는 것이 아니라 여러 종류의 에너지로 전환되기도 해요. 우리가 먹는 음식물은 몸속에 화학 에너지 형태로 저장되어 있다가 활동을 할 때는 운동 에너지로 전환되고, 노래할 때는 파동 에너지로 전환되며, 날씨가 추울 때에는 체온을 유지하기 위해 열에너지의 형태로 전환돼요. 또, 휴대 전화를 충전할 때는 전기 에너지가 휴대 전화 배터리에 화학 에너지의 형태로 저장돼요. 이렇게 저장된 화학 에너지는 휴대 전화를 사용하는 과정에서 다양한 형태로 전환되는데, 화면을 켜면 빛에너지로 전환되고, 음악을 들을 때는 소리 에너지로, 진동할 때는 운동 에너지로 전환되지요. 휴대 전화를 오래 사용하면 열에너지로 전환되어 휴대 전화가 뜨거워져요.

▲ 전기 에너지는 휴대 전화 배터리에 화학 에너지 형태로 저장된 후 휴대 전화를 사용할 때 빛에너지, 운동 에너지, 소리 에너지 등 다양한 형태로 전환된다.

우리는 일상생활에서 다양한 형태의 에너지를 여러 가지 도구나 제품을 이용하여 원하는 형태의 에너지로 전환하여 사용하고 있어요. 그러면 에너지가 전환될 때 전환되기 전과 후의 에너지 총량은 어떻게 될까요? 우리가 사용하는 에너지는 형태가 다른 에너지로 전환되었다고 해서 소멸하거나 새로 생겨나지 않아요.

자동차가 도로 위를 달릴 때 휘발유나 경유 등의 연료가 가지고 있던 화학 에너지의 일부는 자동차가 달릴 때 운동 에너지로 전환되고, 일부는 공기의 저항이나 지면과의 마찰 등에 의해 열에너지로 전환되며, 일부는 소리 에너지로 전환되어 공기 중으로 방출돼요. 이때 운동 에너지를 비롯하여 전환된 에너지의 총합은 연료가 가지고 있던 화학 에너지의 총량과 같아요. 휴대 전화를 사용하는 과정에서 전환된 빛에너지,

운동 에너지, 소리 에너지 등의 총합도 휴대 전화 배터리에 저장된 화학 에너지의 양과 같아요. 이처럼 에너지가 전환되기 전과 후의 총량은 변하지 않고 일정하게 보존되는데, 이것을 에너지 보존 법칙이라고 해요.

**내신 필수 체크**

1  식물의 광합성에 의해 빛에너지는 어떤 에너지로 전환되는가?
2  한 에너지가 다른 에너지로 전환될 때, 전환되기 전과 후의 총량이 일정하다는 법칙을 무엇이라고 하는가?

📖 1. 화학 에너지  2. 에너지 보존 법칙

## 에너지 이용과 열효율

텔레비전이나 각종 언론 매체에서 에너지를 절약해야 한다는 말을 종종 들을 수 있어요. 에너지는 새로 생기거나 사라지지 않고 보존되는데 에너지를 절약해야 하는 까닭은 무엇일까요?

전등을 오랫동안 켜 두면 전구가 뜨거워지고, 선풍기를 오랫동안 사용하면 모터 부분에서 열이 발생하는 것을 알 수 있어요. 이와 같이 전기 제품을 오랫동안 사용하면 뜨거워지면서 전기 에너지의 일부가 열에너지로 전환되는데, 이렇게 전환된 열에너지는 다시 사용하기 어려워요. 또, 휴대 전화 화면에서 나온 빛이나 스피커에서 나온 소리도 공간으로 퍼져 나간 후에는 다시 사용하기 어려워요. 이처럼 우리가 사용하는 모든 에너지는 에너지 전환 과정을 거치면서 다시 사용하기 어려운 형태의 에너지로 전환되는데, 공급한 에너지 중에서 유용하게 사용된 에너지의 비율을 에너지 효율이라고 해요. 사용할 수 있는 유용한 에너지의 양은 점점 줄어들기 때문에 에너지를 절약하고 효율적으로 사용해야 해요.

현재 인류는 난방이나 운송 등에 사용하는 대부분의 에너지를 석유, 석탄, 천연가스 등의 화석 연료에 의존하고 있어요. 자동차의 엔진으로 사용되는 가솔린 기관이나 디젤 기관, 증기 기관과 같이 화석 연료가 연소할 때 발생하는 열에너지를 이용하여 역학적 일로 바꾸는 장치를 열기관이라고 해요.

열기관에서 에너지를 이용하는 과정에도 공급한 에너지의 일부만 역학적 에너지로 전환되고 나머지는 열에너지로 방출돼요. 이때 열기관의 에너지 효율, 즉 열효율(e)은 어떻게 나타낼 수 있을까요?

열기관에 공급된 열에너지는 에너지 보존 법칙에 따라 열기관이 외부에 한 일의 양과 외부로 방출된 열에너지의 합과 같아요. 따라서 온도가 높은 고열원으로부터 열에너지 $Q_1$을 공급받아 $W$의 일을 하고, 온도가 낮은 저열원으로 빠져나가는 열에너지가 $Q_2$인 경우 $Q_1$은 $W+Q_2$가 되며, 열효율은 다음과 같이 나타낼 수 있어요.

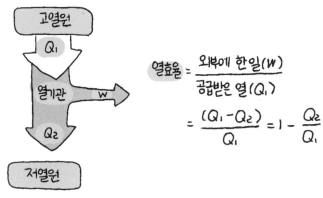

$$열효율 = \frac{외부에\ 한일(W)}{공급받은\ 열(Q_1)}$$

$$= \frac{(Q_1 - Q_2)}{Q_1} = 1 - \frac{Q_2}{Q_1}$$

▲ 열기관은 고온에서 저온으로 이동하는 열에너지의 일부를 이용하여 역학적인 일을 한다.

열효율은 다음과 같이 나타낼 수도 있어요.

$$열효율(\%) = \frac{열기관이\ 하는\ 일(W)}{열기관에\ 공급되는\ 에너지(Q_1)} \times 100$$

어떤 열기관에 1000 J의 열에너지를 공급하였을 때 250 J의 일을 한다면 열효율은 얼마인가?

📋 0.25 또는 25 %

## 에너지 이용과 지구 환경

현재 대부분의 자동차는 열효율이 02.~0.3 정도예요. 즉, 연료가 연소할 때 발생하는 열에너지의 약 20~30 %만이 바퀴를 움직이는 데 사용되고, 나머지는 엔진이 가열되거나 도로나 부품 사이의 마찰 등으로 손실돼요. 열효율이 낮으면 어떤 문제가 발생할까요?

열효율이 낮으면 필요한 양의 에너지를 얻기 위해 더 많은 에너지를 사용해야 하므로 결국 더 많은 열에너지로 버려지게 돼요. 현재 우리가 에너지원으로 주로 사용하는 화석 연료는 연소 과정에서 황 산화물, 질소 산화물, 이산화 탄소 등의 오염 물질이 함께 발생해요. 이중 황 산화물이나 질소 산화물은 빗물에 녹아 산성비를 내리게 하고, 이산화 탄소는 온실 효과를 일으켜 지구 온난화를 유발하는 원인이 돼요. 그러면 에너지를 사용할 때 발생하는 이러한 부정적인 영향을 줄이기 위해서는 어떻게 해야 할까요?

에너지를 절약하고 사용량을 줄이거나 에너지 효율을 높여야 해요. 최근에는 외부에서 에너지를 공급받지 않고 자급할 수 있는 에너지 제로 하우스가 관심을 받고 있어요. 에너지 제로 하우스는 필요한 에너지를 태양, 지열, 풍력 등 재생 에너지를 통해 얻고, 단열을 통해 외부와의 열 출입을 차단하여 에너지 사용량을 줄일 수 있어요. 또, 일반 자동차의 엔진과 전기 모터를 함께 사용하는 하이브리드 자동차는 출발할 때 전기 모터를 사용하고, 일정한 속도에 이르면 일반 자동차 엔진을 사용하며, 정지해 있는 동안에는 불필요한 운동 에너지를 전기 에너지로 전환하여 배터리에 저장해요. 따라서 하이브리드 자동차는 일반 자동차에 비하여 에너지 효율이 높고 화석 연료를 적게 사용하므로 오염 물질을 적게 배출해요.

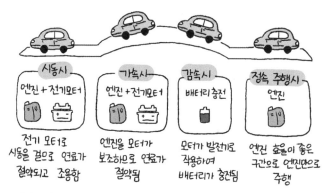

▲ 하이브리드 자동차는 일반 자동차 엔진과 전기 모터를 함께 사용하여 화석 연료를 적게 사용하므로 오염 물질의 배출량이 적고 에너지 효율이 높다.

**내신 필수 체크**

태양, 지열, 풍력 등으로 에너지를 공급받고, 단열을 통해 외부와의 열 출입을 차단하는 주택을 무엇이라고 하는가?

🔲 에너지 제로 하우스

미리보는 **탐구 서·논술**

◉ 다음은 학교의 여러 장소에서 이루어지는 활동을 나타낸 것이다.

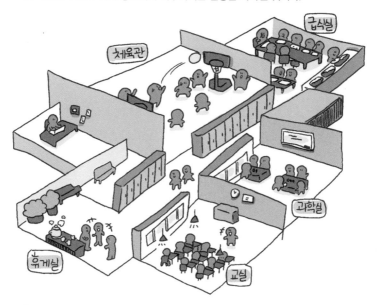

**1** 학교의 각 장소에서 활동을 할 때 일어나는 에너지 전환을 설명해 보자.

**2** 위의 활동 중 한 종류의 에너지가 여러 종류의 에너지로 전환되는 예를 찾아보자.

🔬 **예시답안**

**1** 체육관: 농구공을 던질 때 퍼텐셜 에너지가 운동 에너지로 전환된다.
휴게실: 커피포트로 물을 끓일 때 전기 에너지가 열에너지로 전환된다.
교실: 전등을 켤 때 전기 에너지가 빛에너지로 전환된다.
과학실: 건전지로 전기 회로를 만들 때 전지의 화학 에너지가 전기 에너지로 전환된다.
급식실: 식사를 할 때 음식 속의 화학 에너지가 몸속에서 열에너지로 전환된다.

**2** 체육관에서 농구를 할 때 농구공이 바닥으로 떨어지면 소리가 난다. 따라서 농구공의 퍼텐셜 에너지가 운동 에너지와 소리 에너지로 전환된다.

# IX

# 발전과
# 신재생 에너지

# 26 전기 에너지 생산
그 많은 전등은 어떻게 빛나는 것일까?

우리는 전기가 없이는 텔레비전, 세탁기, 냉장고 등을 사용할 수 없어요. 또한, 어두운 밤길을 밝히는 가로등이나 매일 같이 수많은 사람을 실어 나르는 전철도 전기 에너지로 작동해요. 이러한 전기 에너지는 어떻게 만들어지는 것일까요?

## 전자기 유도

오늘날 우리는 전기 없는 일상생활을 상상하기 어려울 정도로 전기는 생활 깊숙이 자리 잡고 있어요. 또, 현대 사회에서는 전기가 없으면 산업이 거의 마비될 정도로 전기는 꼭 필요한 에너지가 되었어요. 인류가 전기 에너지를 일상생활이나 산업에 이용하게 되기까지는 먼저 중요한 과학적 발견이 있었어요.

덴마크의 과학자 외르스테드(Oersted, H. C., 1777~1851)는 1820년에 자석이 없어도 자기 효과가 발생할 수 있다는 사실을 발견하였어요. 즉, 전선에 전류가 흐르면 전선에 수직인 방향으로 자기장이 형성된다는 사실을 발견한 것이에요. 이것을 '외르스테드의 법칙'이라고 해요. 이후 1831년 영국의 과학자 패러데이(Faraday, M., 1791~1867)는 수많은 실험을 통해 속이 비어있는 관에 코일을 감고 막대자석을 넣었다가 빼는 것을 반복하면 코일에 전지를 연결하지 않아도 전류가 흐른다는 것을 발견하였어요.

코일 주위에서 자석을 움직일 때와 같이 코일의 내부를 통과하는 자기장의 세기가 변하면 코일에 전류가 유도되어 흐르는데, 이러한 현상을 전자기 유도라고 하며, 코일에 흐르는 전류를 유도 전류라고 해요.

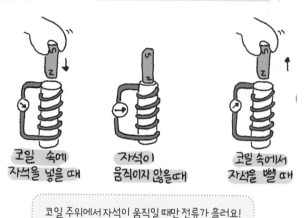

코일 속에 자석을 넣을 때　　자석이 움직이지 않을때　　코일 속에서 자석을 뺄 때

코일 주위에서 자석이 움직일 때만 전류가 흘러요!

▲ 전자기 유도 현상

전자기 유도에서 발생하는 전류는 자기장의 변화를 방해하는 방향으로 흐르므로 자석의 운동 방향이나 자석의 극에 따라 달라져요. 자석의 N극을 코일에 가까이할 때와 멀리할 때, 자석의 S극을 코일에 가까이할 때와 멀리할 때 코일에 흐르는 유도 전류의 방향은 서로 반대가 돼요.

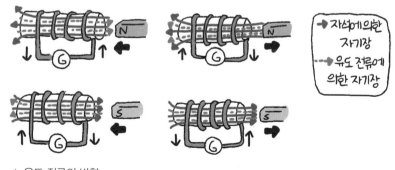

→ 자석에 의한 자기장
--→ 유도 전류에 의한 자기장

▲ 유도 전류의 방향

그러면 자석이 움직이는 속도나 자석의 세기와 유도 전류 사이에는 어떤 관계가 있을까요? 유도 전류는 코일을 통과하는 자기장이 변할 때만 흘러요. 따라서 코일 주변에서 자석이 움직이지 않고 정지해 있으면 유도 전류가 흐르지 않아요. 그리고 자석을 빨리 움직이거나 더 강한 자석을 사용하면 더 큰 전류가 흐르게 돼요. 이것은 자기장의 변화가 빠르고 클수록 더 강한 유도 전류가 흐르기 때문이에요. 코일에 유도된 전류의 세기는 코일의 단면을 수직으로 지나는 자기장의 시간적 변화율에 비례하고, 코일의 감은 횟수에 비례해요.

**유도 전류의 세기**
코일의 감은 수에 비례하고, 단위 시간당 코일을 통과하는 자기장의 변화에 비례해요.

인류는 패러데이가 발견한 전자기 유도를 이용하여 전기 에너지를 생산하고, 여러 분야에서 편리하게 사용하고 있어요. 우리 주변에서 흔히 사용하고 있는 도난 방지 장치나 무선 충전기, 교통 카드, 인덕션 레인지 등은 모두 전자기 유도를 이용한 제품들이에요.

**내신 필수 체크**

1 코일 내부를 통과하는 자기장의 세기가 변할 때 코일에 유도 전류가 흐르는 현상을 무엇이라고 하는가?
2 코일 주변에서 자석이 움직일 때 코일에 흐르는 전류를 무엇이라고 하는가?

답 1. 전자기 유도  2. 유도 전류

## 발전기

　전동기는 자석이 만드는 자기장 속에서 전류가 흐르는 도선이 받는 힘을 이용하여 전기 에너지를 운동 에너지로 전환하는 장치이고, 발전 기는 자석 사이에서 코일을 회전시키면 전류가 발생하는 전자기 유도를 이용하여 운동 에너지를 전기 에너지로 전환하는 장치예요. 전동기와 발전기는 서로의 역할을 바꿔 대신할 수 있어요.

▲ 전동기와 발전기는 작동 원리가 서로 다르지만 구조는 같다.

　우리가 가정이나 학교에서 사용하는 전기는 대부분 발전소에서 생산 된 것이에요. 그러면 발전소의 발전기에서 전기 에너지가 생산되는 원 리는 무엇일까요? 자석 사이에서 코일을 회전시키면 자기장이 수직으 로 통과하는 코일 면의 면적이 변하게 돼요. 코일 면이 자기장과 이루 는 각도가 $0°$에서 $90°$까지 회전할 때는 자기장이 수직으로 통과하는 코 일 면의 면적이 증가하고, $90°$에서 $180°$까지 회전할 때는 자기장이 수직 으로 통과하는 코일 면의 면적이 감소해요. 이와 같이 자기장이 수직으 로 통과하는 코일 면의 면적이 변하면 코일 내부의 자기장이 변할 때와 마찬가지로 전자기 유도 현상이 일어나 코일에 유도 전류가 흐르는 것 이에요.

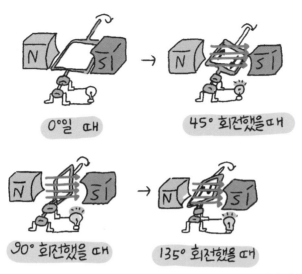

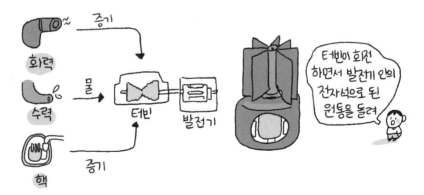

▲ 자석 사이에서 코일이 90° 회전하는 순간 유도 전류의 방향이 바뀐다.

## 여러 가지 발전 방식

발전소에서 전기를 생산할 때에는 일반적으로 자석을 회전시켜요. 발전기의 자석을 회전시킬 때에는 터빈을 이용하는데, 터빈을 계속 회전시키려면 에너지를 계속 공급해 주어야 해요. 이때 터빈을 돌리는 에너지원에 따라 화력 발전, 핵발전, 수력 발전 등으로 구분해요.

**화력 발전**은 석탄, 석유, 천연가스와 같은 화석 연료를 태울 때 발생하는 열에너지를 이용하여 전기 에너지를 생산하는 발전 방식이에요. 화력 발전소에서는 화석 연료를 태워 물을 끓이고 이때 발생하는 고온, 고압의 수증기로 터빈을 돌리거나, 천연가스와 같은 기체 연료를 가스터빈 내부에서 연소시킬 때 발생한 고온, 고압의 연소 가스로 터빈을 돌려 전기를 생산해요. 우리나라의 화력 발전소에서는 주로 연료를 태워 발생하는 수증기를 이용하여 터빈을 돌리는 방식으로 전기 에너지를 생산하고 있어요.

**핵발전**은 우라늄과 같은 핵연료가 핵분열을 할 때 발생하는 열에너지를 이용하여 물을 끓이고, 이때 발생하는 고온, 고압의 수증기로 터빈을 돌려 전기 에너지를 생산해요. 핵분열을 할 때 발생하는 열로 원자로 내부의 온도가 올라가고, 사용한 고온의 수증기는 온도를 낮춰 물로 전환한 후 다시 사용해야 해요. 따라서 원자력 발전소에서는 원자로나 수증기를 냉각하는 데 많은 물이 필요해요.

한편, **수력 발전**은 흐르는 강물로 터빈을 돌려 전기를 생산하거나, 강을 막아 댐을 쌓고 물을 가두어 두었다가 댐 안쪽의 수위가 높은 곳에서 흘러내리는 물을 이용하여 터빈을 돌려 전기 에너지를 생산해요.

이처럼 발전소에서 전기 에너지를 생산하는 에너지원은 다르지만 터빈을 돌려 전기 에너지를 생산하는 과정은 모두 같으며, 발전소에서 생산되는 전기 에너지는 새롭게 생겨나는 것이 아니라 다른 형태의 에너지가 전기 에너지로 전환된 것이에요.

화력 발전소에서는 화석 연료가 연소하는 과정에서 화학 에너지가 열에너지로 전환되고, 핵발전소에서는 핵에너지가 열에너지로 전환되며, 최종적으로 전기 에너지로 전환돼요. 수력 발전소에서는 높은 곳에 있는 물이 낮은 곳으로 흘러내리는 과정에서 퍼텐셜 에너지가 운동 에너지로 전환되며 최종적으로 전기 에너지로 전환돼요.

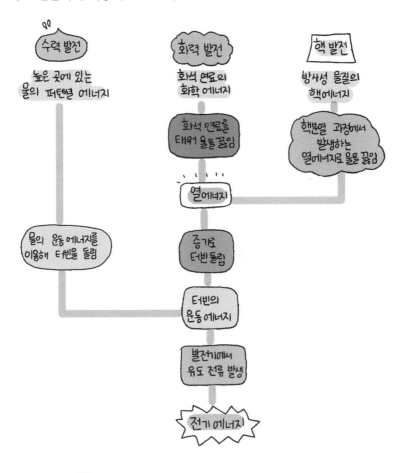

1 화력 발전과 핵발전에서 사용하는 연료는 각각 무엇인가?
2 화력 발전소에서 전기 에너지가 생산되는 과정에서 일어나는 에너지 전환 과정을 순서대로 나열하시오.

1. 화력 발전: 화석 연료, 핵발전: 핵연료
2. 화학 에너지 → 열에너지 → 역학적 에너지 → 전기 에너지

**전기 에너지는 어떻게 만들어질까?**

① 코일과 검류계를 그림과 같이 연결하여 코일에 막대자석의 N극을 가까이하거나 멀리하면서 검류계 바늘이 어떻게 움직이는지 관찰한다.

② 코일 속에 막대자석을 넣고 그냥 두었을 때와 빠르게 움직일 때와 느리게 움직일 때 검류계 바늘의 움직임이 어떻게 다른지 관찰한다.

 막대자석의 N극을 가까이할 때와 멀리할 때, 검류계 바늘이 움직이는 방향은 어떻게 다른가요?

 막대자석의 N극을 가까이할 때와 멀리할 때 유도 전류의 방향이 반대로 형성되므로 검류계 바늘은 반대 방향으로 움직여요.

 코일 속에 막대자석을 넣고 정지했을 때 검류계 바늘은 어떻게 되나요?

 막대자석이 정지해 있을 때는 검류계 바늘이 움직이지 않아요.

 막대자석을 빠르게 움직일 때와 느리게 움직일 때 검류계 바늘의 움직임이 어떻게 다른가요?

 막대자석을 빠르게 움직일수록 유도 전류가 많이 흐르므로 검류계 바늘이 크게 움직여요.

 | 새로운 댓글을 작성해 주세요. | 등록 |

✎ **이것만은!** • 자석을 더 빠르게 움직일수록 더 센 전류가 흐른다.
  • 막대자석이 움직이지 않으면 전류가 흐르지 않는다.

4부

환경과 에너지

미리보는 **탐구 서·논술**

---

◾ 그림은 핵발전소와 화력 발전소에서 전기 에너지를 생산하는 과정을 간단히 나타낸 것이다.

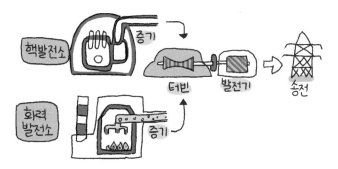

**1** 핵발전소와 화력 발전소에서 각각 어떤 에너지를 이용하여 전기 에너지를 생산하는지 에너지 전환을 이용하여 설명해 보자.

**2** 두 발전소에서의 공통점과 차이점을 설명해 보자.

---

✏️ 예시답안

**1** • 핵발전소에서는 우라늄의 핵분열 과정에서 발생하는 열을 이용해 물을 끓여 증기를 발생시키고, 이 증기로 터빈을 돌리고 터빈의 운동 에너지로 발전기를 돌려 전기 에너지를 만든다. 따라서 방사성 물질의 핵에너지 → 열에너지 → 터빈의 운동 에너지 → 전기 에너지로 에너지 전환이 일어난다.
　• 화력 발전소에서는 석탄이나 석유 등의 화석 연료를 태워서 나오는 열을 이용해 물을 끓여 증기를 발생시키고 이로 터빈과 발전기를 돌려 전기 에너지를 만든다. 따라서 화석 연료 속의 화학 에너지 → 열에너지 → 터빈의 운동 에너지 → 전기 에너지로 에너지 전환이 일어난다.

**2** • 공통점: 두 방식 모두 증기를 이용해 터빈을 돌리고 이 힘을 이용해 발전기에서 전기 에너지를 생산한다.
　• 차이점: 에너지원이 다르다. 핵발전소에서는 방사성 물질의 핵에너지를 이용하고, 화력 발전소에서는 화석 연료의 화학 에너지를 이용한다.

# 27 전기 에너지 수송

발전소가 안 보여도 전기가 오네!

미국이나 일본에서는 110 V를 쓰는데 우리나라는 주로 220 V를
사용해요. 그래서 이런 나라에 갈 경우 여행용 어댑터라는 것이
필요해요. 이것은 어떤 역할을 하는 것일까요?

## 전기 에너지 수송

우리나라에서는 전기 에너지를 생산하는 발전소가 대부분 바닷가에
있는데, 어떻게 멀리 떨어진 가정이나 공장에까지 전기 에너지가 수송
될까요?

발전소에서 생산한 전기 에너지는 전선을 이용하여 여러 지역으로 수
송되어 소비돼요. 이때 단위 시간 동안 생산되거나 소비되는 전기 에너
지를 전력이라고 하고 전기 에너지를 수송하는 과정을 송전이라고 해요.
또, 전기 에너지를 수송하는 전선을 송전선이라고 해요. 전선에 전류가
흐르면 열이 발생하므로 발전소에서 생산한 전기 에너지를 멀리 떨어져
있는 지역으로 송전할 때에는 송전선에서 손실되는 전력을 무시할 수 없
어요. 그러면 송전선에서 손실되는 전력은 어떻게 줄일 수 있을까요?

송전선에서 열로 손실되는 전력은 송전선에 흐르는 전류의 세기가 클
수록, 송전선의 저항이 클수록 많아져요.

$$P_{손실} = I^2R$$
($P_{손실}$: 손실되는 전력, $I$: 송전선에 흐르는 전류의 세기, $R$: 송전선의 저항)

따라서 송전 과정에서 손실되는 전력을 줄이려면 송전선에 흐르는 전류의 세기를 작게 하거나 송전선을 굵게 만들어 저항을 줄여야 해요. 알루미늄은 전기 전도도가 좋고 가볍기 때문에 두껍게 만들면 저항을 줄일 수 있어 송전선으로 많이 이용되고 있어요.

한편, 전력은 전압과 전류의 곱이므로 전력을 변화시키지 않고도 전압을 높이면 송전선에 흐르는 전류의 세기가 감소하여 송전선에서 손실되는 전력을 줄일 수 있어요.

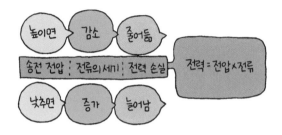

## 변압기

발전소에서 송전된 높은 전력은 그대로 사용하면 화재나 감전의 위험이 있기 때문에 변전소에서 다시 전압을 낮추어서 일반 가정이나 공장 등에 공급하고 있어요. 변전소에서는 **변압기**를 이용하여 전압을 변환하는데, 변압기는 사각형 모양의 얇은 철판을 여러 장 붙인 철심 양쪽에 코일이 감겨 있어요.

발전소에서는 터빈이 돌아 자기장의 방향이 바뀌므로 유도 전류의 방향도 바뀌어 교류라고 해요. 변압기에 입력되는 교류 전원이 연결된 부분을 1차 코일이라고 하고, 전기 기구에 연결된 부분을 2차 코일이라고 해요. 1차 코일과 2차 코일의 전압은 전자기 유도로 변화되는데, 각 코일에 걸리는 전압은 코일의 감은 수에 비례해요. 즉, 1차 코일보다 2차 코일의 감은 수가 많으면 유도 전압이 높아지고 전류의 세기는 감소하고, 1차 코일보다 2차 코일의 감은 수가 적으면 유도 전압이 낮아지고 전류의 세기는 증가해요.

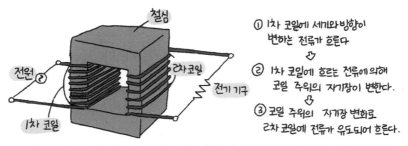

▲ 전원이 연결된 부분이 1차 코일이고 1차 코일의 자기장 변화에 의해 유도 전류가 흐르는 부분이 2차 코일이다. 2차 코일에 전기 기구를 연결하여 사용하는 것이다.

발전소에서 만들어진 전력의 전압은 보통 발전소 초고압 변전소의 변압기를 통해 높은 전압으로 바꾸어 멀리 떨어져 있는 지역으로 송전해요. 그 후 1차, 2차 변전소 등에서 단계적으로 전압을 낮춘 후, 최종적으로 주상 변압기에서 전압을 380 V나 220 V로 낮추어 공장이나 일반 가정에 공급하고 있어요.

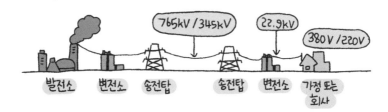

**내신 필수 체크**

**1** 송전선에서 손실되는 전력($P_{손실}$), 송전선에 흐르는 전류의 세기($I$), 송전선의 저항($R$) 사이의 관계를 쓰시오.

**2** 변압기의 1차 코일보다 2차 코일의 감은 수가 많으면 유도되는 전압과 전류의 세기는 각각 어떻게 되는가?

답 1. $P_{손실} = I^2R$  2. 전압은 높아지고, 전류의 세기는 감소한다.

## 28 신재생 에너지
걷기만 해도 전기를 만들 수 있대!

산업이 발달함에 따라 인류가 사용하는 에너지의 양은 점점 증가하지만 화석 연료는 머지않은 미래에 고갈될 거라고 해요. 걷기만 해도 전기가 만들어진다면 얼마나 좋을까요? 실제로 걸을 때 누르는 힘을 통해 전기 에너지를 만드는 기술이 있다고 해요. 이처럼 환경을 오염시키지 않으면서 에너지를 만드는 방법에는 어떤 것이 있을까요?

출처: Pavegen Korea

## 신재생 에너지

화석 연료는 과거 지구에 살았던 동식물의 유해가 땅속에 묻힌 후 오랜 시간 동안 열과 압력 등을 받아 만들어진 거예요. 화석 연료는 발열량이 높고 이용하기 쉽지만, 매장량이 한정되어 있어 언젠가는 고갈될 수 있으며, 연소 과정에서 이산화 탄소와 같은 오염 물질이 발생해요. 이

▲ 우리나라 에너지원별 에너지 공급량 비율

러한 문제를 해결하기 위해 우리나라를 비롯해 세계 각국에서는 지구 온난화나 대기 오염과 같은 환경 문제를 유발하지 않고, 지속적으로 사용할 수 있는 **신재생 에너지**를 개발하기 위해 노력하고 있어요.

**신재생 에너지**는 기존의 화석 연료를 변환하여 이용하는 에너지와 자

연의 햇빛, 물, 지열, 강수, 생물 유기체 등의 에너지를 변환하여 이용하는 에너지를 말해요. 이러한 신재생 에너지를 이용한 발전 방식에는 태양광 발전, 풍력 발전, 파력 발전, 조력 발전, 연료 전지 등이 있어요.

## 태양 에너지 생성과 전환

태양은 태양계 전체 질량의 약 99.8 %를 차지하고 있으며, 태양계에서 유일하게 스스로 빛을 내는 천체예요. 과학자들에 의하면 태양은 지금으로부터 약 50억 년 전부터 에너지를 생산해 왔으며, 앞으로도 약 50억 년 동안 태양계를 밝힐 것이라고 해요. 그러면 태양 에너지는 어떻게 만들어질까요?

태양은 대부분 수소와 헬륨으로 구성되어 있으며, 중심에서부터 핵, 복사층, 대류층으로 이루어져 있어요. 태양의 중심부인 핵은 온도가 약 1500만 K으로 매우 높아 원자가 원자핵과 전자로 분리된 플라스마 상태로 존재하며, 4개의 수소 원자핵이 융합하여 1개의 헬륨 원자핵이 만들어지는 수소 핵융합 반응이 일어나요. 수소 핵융합 과정에서 생성된 헬륨 원자핵의 질량은 반응 전 수소 원자핵의 질량 합보다 작아요. 그러면 수소 핵융합 반응이 일어나는 과정에서 줄어든 질량은 어떻게 되었을까요?

1905년 아인슈타인(Einstein, A., 1879~1955)은 질량도 에너지의 한 형태이며, 에너지로 전환될 수 있음을 밝혀냈어요. 이것을 식으로 나타내면 다음과 같아요.

$$E = mc^2$$
($E$: 에너지, $m$: 질량, $c$: 빛의 속도)

따라서 태양의 중심핵에서는 수소 핵융합 과정에서 줄어든 질량($\Delta m$)이 에너지($\Delta mc^2$)로 전환되어 방출돼요.

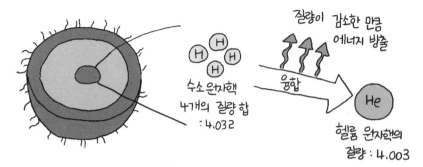

▲ 태양에서의 수소 핵융합 반응

태양에서 생산된 에너지는 우주 공간으로 방출되는데, 지구에 도달하는 태양 에너지는 태양에서 생성된 전체 에너지의 약 $\frac{1}{20억}$에 불과해요. 하지만 이 에너지는 지구에서 일어나는 에너지 순환의 근원으로 다양한 형태로 전환되어 지구 환경에 영향을 주고 있어요.

예를 들면, 지표에 흡수된 태양 에너지는 열에너지나 역학적 에너지로 전환되어 물을 순환시키고, 바람을 일으켜요. 해수면 위에서 부는 바람은 파도와 해류를 일으키기도 하지요. 광합성을 통해 생물에 흡수된 태양 에너지는 화학 에너지로 전환되어 생명 활동을 유지하는 데 이용되지요. 또, 생물이 죽어 땅속에 묻히면 석탄이나 석유, 천연가스 등 화석 연료가 되기도 해요. 최근에는 태양열 집열판이나 태양 전지와 같은 장치를 이용하여 태양 복사 에너지를 열에너지나 전기 에너지로 전환해 이용하기도 해요. 이처럼 지구에 도달한 태양 에너지는 여러 가지 형태의 다른 에너지로 전환되어 다양한 자연 현상을 일으키고 지구상의 생명체가 살아가는 데 이용되고 있어요.

구름과 비를 만들어 물을 높은곳으로
이동시켜 퍼텐셜 에너지로 전환

광합성으로
생물체 내에
화학 에너지로
전환

바람의 운동 에너지로
전환된 후 전기 에너지로
전환

화석 연료의
화학 에너지로 전환

태양광 발전으로
전기 에너지로 전환

물의 운동 에너지가
전기 에너지로 전환

▲ 태양 에너지의 전환

## 태양광 발전

태양광 발전은 태양 전지를 이용하여 태양의 빛에너지를 직접 전기 에너지로 생산하는 발전 방식이에요. 태양 전지는 반도체로 이루어져 있으며, 빛을 비추면 전류가 흐르면서 전기 에너지가 만들어져요.

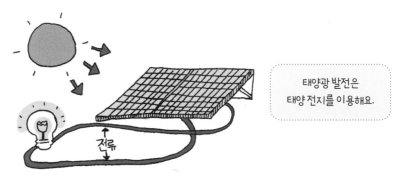

전류

태양광 발전은
태양 전지를 이용해요.

▲ 태양광 발전

태양광 발전은 태양 에너지를 이용하므로 햇빛이 비칠 때에는 언제든지 이용할 수 있고, 이산화 탄소와 같은 환경오염 물질을 배출하지 않으며, 고갈될 염려가 없어요. 하지만 하나의 태양 전지로 생산할 수 있는 발전량이 적기 때문에 여러 개의 전지를 연결한 태양 전지판을 사용해야 하며, 대규모 발전을 위해서는 넓은 면적이 필요하고, 일사량 변동에 따라 발전량이 달라진다는 단점이 있어요. 최근에는 고효율의 태양 전지가 개발되고 있으며, 대규모 발전 시설뿐 아니라 태양광 주택, 태양 전지 자동차, 태양 전지 휴대 전화 충전기 등에도 널리 이용되고 있어요.

해변에서도 태양광 충전기로 스마트폰을 충전할 수 있어요.

## 핵발전

핵발전은 우라늄과 같은 무거운 원자의 핵분열을 이용하여 전기 에너지를 생산하는 방식으로 원자력 발전이라고도 해요. 우라늄과 같은 핵연료에 중성자를 충돌시키면 원자핵이 쪼개지면서 에너지가 발생하고, 방출된 중성자가 주변의 다른 우라늄 원자핵과 연쇄적으로 충돌하여 막대한 양의 에너지가 방출돼요. 핵발전은 이와 같이 핵연료가 핵분열을 할 때 발생하는 열에너지로 물을 끓이고, 이때 발생하는 수증기로 터빈을 돌려 전기 에너지를 생산해요.

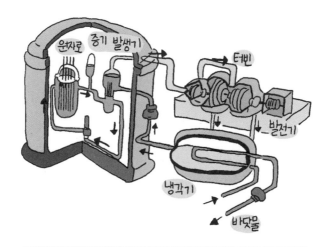

핵발전은 핵분열 반응이 일어날 때 발생한 에너지로 물을 끓이고 이때 발생한 증기로 터빈을 돌려 전기 에너지를 생산하는 거예요.

▲ 핵발전의 원리

핵발전은 발전 효율이 높고, 다른 발전 방식에 비하여 생산 비용이 적게 들고, 이산화 탄소와 같은 환경 오염 물질을 거의 배출하지 않아요. 하지만 발전 과정에서 발생하는 방사선이나 핵폐기물은 처리하기도 어렵고 시간이 많이 걸리며, 사고가 발생하였을 경우 인체와 환경에 막대한 피해를 줄 수 있어요.

내신 필수 체크

1 태양광 발전은 무엇을 이용하여 빛에너지를 전기 에너지로 전환하는가?
2 핵분열을 이용하여 전기 에너지를 생산하는 방식을 무엇이라고 하는가?

답 1. 태양 전지 2. 핵발전

## 풍력 발전

풍력 발전은 바람의 운동 에너지를 전기 에너지로 전환하는 발전 방식이에요. 풍력 발전기는 바람을 이용하여 발전기의 날개를 회전시키면 날개의 회전축에 연결된 터빈이 돌아가며 전기 에너지를 생산해요. 풍력 발전기의 형태는 회전축의 방향이 수직인 것도 있고

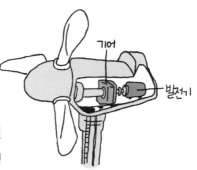

▲ **풍력 발전기** 바람의 운동 에너지로 날개와 연결된 터빈을 돌려 전기를 생산한다.

수평인 것도 있으며, 일반적으로 날개의 길이가 길수록, 날개를 통과하는 바람이 빠르거나 공기의 양이 많을수록 전력 생산량이 증가해요.

풍력 발전기는 바람이 지속적으로 강하게 부는 높은 산이나 바닷가에 설치해야 효율이 높아요. 이러한 이유로 우리나라에서는 제주도 해안 지역과 태백산맥을 따라 풍력 발전소가 많이 설치되어 있어요.

풍력 발전은 온실 기체를 거의 배출하지 않고, 간단하게 설치할 수 있으며, 다른 발전 방식에 비하여 비교적 저렴한 비용으로 전력을 생산할 수 있어요. 하지만 바람의 세기와 방향이 항상 일정한 것이 아니므로 발전량을 정확히 예측하기 어렵고, 바람이 불지 않으면 발전이 불가능하므로 발전 지역이 제한되어 있어요. 또, 소음이 발생하여 주변 지역에 피해를 주거나, 새와 충돌하는 문제가 발생하는 경우도 있어요.

## 조력 발전

조력 발전은 밀물과 썰물에 의해 발생하는 해수면의 높이 차이를 이용하여 전기 에너지를 생산하는 방식이에요. 조력 발전은 밀물과 썰물

중 한 방향에서만 발전할 수도 있고, 밀물과 썰물일 때 모두 발전할 수도 있어요. 우리나라의 대표 조력 발전소인 시화호 조력 발전소는 밀물때 바닷물을 시화호로 유입하여 발전을 하고 썰물 때 수문으로 배수하는 방식으로 세계에서 가장 큰 규모예요.

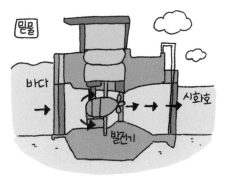

시화호 조력 발전소는 밀물 때 바닷물을 시화호로 유입하여 터빈을 가동시켜 전기를 생산해요.

조력 발전은 자원이 거의 무한하고, 날씨나 계절에 관계없이 항상 발전할 수 있으며, 대규모의 전력 생산이 가능해요. 또, 조석 현상은 매일약 두 번씩 일어나므로 조력 발전은 지속적이고 예측 가능한 발전이에요. 하지만 조차가 큰 지역에만 설치할 수 있고, 제방을 쌓으므로 갯벌이 사라지고 해안 생태계에 혼란을 줄 수 있어요. 우리나라의 서해안은 해안선이 복잡하여 만이 발달해 있고 조차가 커서 조력 발전에 좋은 입지 조건을 갖추고 있어요.

**내신 필수 체크**

**1** 밀물과 썰물 때 해수면의 높이차가 생기는 것을 이용하여 전기 에너지를 생산하는 발전 방식을 무엇이라고 하는가?

**2** 우리나라의 해안 지방에서 밀물과 썰물은 각각 몇 번씩 일어나는가?

답 1. 조력 발전 2. 두 번씩

## 파력 발전

파력 발전은 바람에 의해 생기는 파도의 운동 에너지를 이용하여 전기 에너지를 생산하는 방식이에요. 파도의 운동을 이용하는 방법에는 파도의 힘으로 직접 터빈을 돌리는 방법과 파도에 의한 해수면의 높이 차를 이용하여 공기를 압축 팽창시켜 터빈을 돌리는 방법이 있어요.

파력 발전은 공해를 유발하지 않고, 소규모 발전이 가능하며 한번 설치하면 거의 영구적으로 사용할 수 있어요. 하지만 기후나 파도의 상황에 따라 발전량에 차이가 있고 대규모 발전 시설을 해양에서 관리하는데 어려움이 있어요. 현재 우리나라 제주도에는 공기를 압축하여 터빈을 돌리는 방식의 파력 발전소가 설치되어 있어요.

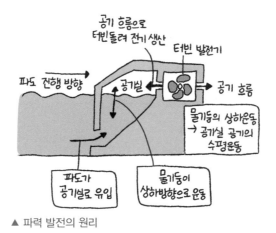

▲ 파력 발전의 원리

## 연료 전지

연료 전지는 연료의 화학 에너지를 전기 에너지로 전환하는 장치예요. 연료 전지는 수소, 메탄올, 천연가스 등 다양한 연료를 이용하여 만들 수 있어요. 수소 연료 전지에서는 전해질을 사이에 두고 (−)극에는

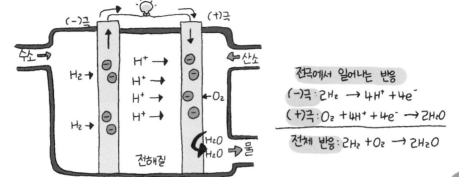

전극에서 일어나는 반응
(-)극: $2H_2 \rightarrow 4H^+ + 4e^-$
(+)극: $O_2 + 4H^+ + 4e^- \rightarrow 2H_2O$

전체 반응: $2H_2 + O_2 \rightarrow 2H_2O$

▲ 수소 연료 전지의 원리

수소를 공급해 주고, (+)극에는 산소를 공급해 줘요. (−)극에서는 수소가 전자를 내놓고 전해질을 통해 (+)극으로 이동하여 산소 분자와 만나 물을 생성해요. 이때 수소가 내놓은 전자가 회로를 따라 (−)극에서 (+)극으로 이동하며 전류가 흐르는 것이에요.

수소 연료 전지에서는 최종 생성물로 물만 생성되므로 화석 연료와 달리 환경 오염 물질이 거의 배출되지 않아요. 또, 일반적인 연소 반응과 달리 열이 거의 발생하지 않고 대부분의 에너지가 전기 에너지로 전환되므로 에너지 효율이 매우 높아요. 연료 전지는 휴대용 전자 기기나 자동차, 발전소와 같은 대규모 발전에 이르기까지 넓은 영역에 이용될 수 있어요. 하지만 현재까지는 연료로 사용되는 수소를 얻기 위해서는 비용이 많이 들고, 가연성이 큰 수소를 저장하고 운반하는 데 필요한 여러 가지 기술적인 부분들을 해결해야 해요.

**내신 필수 체크**

1  파력 발전소에서 파도가 칠 때 발전기 안의 압력은 어떻게 변하는가?
2  수소 연료 전지의 (−)극과 (+)극에 공급하는 물질은 각각 무엇인가?

답 1. 증가한다  2. (−)극: 수소, (+)극: 산소

# 개념 잡기

**풍력 발전**
바람의 운동 에너지로
전기 에너지 생산

**수력 발전**
물의 위치 에너지를
이용하여 전기 에너지 생산

**핵발전**
핵분열 반응을 이용하여
전기 에너지 생산

**태양광 발전**
태양의 빛에너지를
이용하여 전기를 생산

**연료 전지**
연료의 화학 에너지로
전기 에너지 생산

**조력 발전, 파력 발전**
해수면 높이차, 파도,
해수 흐름을 이용하여
전기 에너지 생산

| 신재생 에너지 | 장점 | 단점 |
|---|---|---|
| 태양광 발전 | 깨끗하고 고갈될 염려가 없다. | 계절과 기후의 영향이 크고 설치 면적이 넓어야 한다. |
| 핵발전 | 연료 공급이 안정적이고 저장 가능하다. | 사고가 발생하면 엄청난 피해를 입을 수 있다. |
| 풍력 | 깨끗하고 고갈될 염려가 없다. | 소음 공해를 일으킬 수 있다. |
| 연료 전지 | 에너지 효율이 높고 환경 오염 물질이 적다. | 수소를 생산하는 비용이 많이 들고 저장 등에 어려움이 있다. |

# 개념
# 정리

**3염기 조합** DNA의 유전자에서 1개의 아미노산을 지정해 주는 3개의 연속된 염기

**DNA** 핵산의 한 종류로, 세포에서 유전 정보를 저장함

**RNA** 핵산의 한 종류로, 단백질의 합성에 관여함

**가속도 운동** 물체의 속도가 변하는 운동

**간빙기** 연속된 두 빙하기 사이에 기후가 상대적으로 온난했던 시기

**개체** 참새, 사슴, 토끼풀 등 하나의 독립된 생명체

**개체군** 참새 무리, 사슴 무리, 토끼풀밭 등 일정한 지역에 사는 같은 종의 개체들

**공유 결합** 비금속 원소끼리 결합할 때 서로 전자를 공유하는 화학 결합

**관성** 물체가 외부로부터 힘을 받지 않을 때 자신의 운동 상태를 계속 유지하려는 성질

**교류** 시간에 따라 크기와 방향이 주기적으로 변하는 전류

**군집** 참새 개체군, 사슴 개체군, 토끼풀 개체군 등 여러 개체군이 모여있는 것

**규산염 광물** 산소와 규소가 결합하여 만들어진 광물

**규산염 사면체** 4개의 산소(O) 원자로 된 사면체 중심에 규소(Si) 원자 1개가 결합한 정사면체 모양의 구조

**규소** 지각에서 두 번째로 많은 원소

**그래핀** 흑연의 한 층만 벗겨 내어 탄소 원자들이 평면을 이루고 있는 구조

**금속 원소** 광택이 있고, 열과 전기가 잘 통하는 성질을 가진 철, 구리, 금, 은 등의 원소

**기권** 지구를 둘러싸고 있는 공기의 층

**기후** 오랜 기간 동안 나타난 강수량, 기온, 바람 등의 날씨 변화를 평균한 것

**뉴클레오타이드** 핵산의 단위체로, 인산, 당, 염기가 1:1:1로 각각 하나씩 결합한 형태

**단백질** 세포를 구성하는 주요 성분이면서 근육, 항체, 호르몬의 구성 물질

**단사슬 구조** 규산염 사면체들끼리 산소를 공유하면서 단일 사슬 모양으로 길게 결합한 구조

**단위체** 탄소 화합물에서 반복적으로 이용되어 기본 단위 역할을 하는 분자

**대기 대순환** 지구 전체 규모로 일어나는 대기의 흐름과 순환

**대멸종** 지구상에서 생물종의 다양성이 짧은 시간 동안 광범위한 지역에서 감소하는 현상

**독립형 구조** 규산염 사면체 하나가 독립적으로 철이나 마그네슘과 같은 양이온과 결합한 구조

**등가속도 운동** 물체의 가속도가 일정한 운동

**등속 직선 운동** 물체의 속도가 일정한, 즉 일정한 속력으로 일정한 방향으로 진행하는 물체의 운동

**라니냐** 동태평양 적도 부근 해역의 표층 수온이 평상시보다 낮아지는 현상

**리보솜** DNA의 유전 정보에 따라 단백질을 합성하는 세포 소기관

**마그마 바다** 미행성체 충돌과 방사성 동위 원소 붕괴로 발생한 열에 의해 원시 지구를 이루고 있던 물질의 상당 부분이 녹아 있는 상태

**망상 구조** 규산염 사면체가 산소 4개를 공유하면서 이룬 입체 구조

**먹이 그물** 여러 개의 먹이 사슬이 그물처럼 서로 얽혀 복잡하게 나타나는 것

**먹이 사슬** 생태계에서 생산자부터 1차 소비자, 2차 소비자, 최종 소비자까지 상위 단계의 소비자에게 먹히는 관계가 사슬 모양으로 연결된 것

**목성형 행성** 토성, 천왕성, 해왕성 등과 같이 물리적 특성이 목성과 비슷한 행성

**물질대사** 생명을 유지하기 위해서 생명체 내에서 일어나는 모든 화학 반응

**미토콘드리아** 세포 호흡을 통해 에너지를 생산하는 세포 소기관

**미행성체** 태양계 형성 초기에 중력의 작용으로 가스와 먼지 같은 물질들이 뭉쳐서 만들어진 작은 천체

**반도체** 전기적 특성이 도체와 부도체의 중간 정도인 물질로, 순수한 규소나 저마늄에 미량의 원소를 첨가하여 전기가 흐르는 성질을 증가시킨 소재

**반투과성 막** 세포막과 같은 선택적 투과성을 가진 막

**발광 다이오드(LED)** 전류가 흐를 때 빛을 방출하는 다이오드로, 반도체의 재료로 사용된 화합물의 종류에 따라 방출하는 빛의 색깔이 달라짐

**발산형 경계** 판과 판이 갈라져 서로 멀어지는 경계

**발전기** 자석 사이에서 코일을 회전시키면 전류가 발생하는 전자기 유도를 이용하여 운동 에너지를 전기 에너지로 전환하는 장치

**방출 스펙트럼** 검은 바탕에 특정한 색의 선이 나타나는 스펙트럼

**번역** RNA의 유전 정보에 따라 리보솜에서 단백질이 합성되는 과정

**변압기** 전압을 높이거나 낮추어 주는 장치

**변이** 같은 종에서 나타나는 형질의 차이

**보존형 경계** 두 판이 서로 멀어지거나 충돌하지 않고 서로 스치는 경계

**복사슬 구조** 사슬 두 개가 이중 사슬 모양으로 길게 결합한 구조

**부력** 물체를 둘러싸고 있는 유체가 물체를 위로 밀어 올리는 힘

**분해자** 생물의 배설물이나 죽은 생물을 분해하여 양분을 얻는 생물

**비금속 원소** 금속 원소와 달리 광택이 없고, 열과 전기를 잘 통하지 않는 성질을 가
진 탄소, 인, 헬륨 등의 원소

**비생물적 요인** 생태계에서 빛, 온도, 물, 토양 등 생물을 둘러싸고 있는 환경

**빅뱅 우주론(대폭발설)** 모든 물질과 에너지는 한 점에 모여 있었고, 이때 대폭발이
일어나면서 우주가 시작되었으며 우주는 팽창하고 지금도 계속 팽창하고 있다는
학설

**빙하기** 지구의 기온이 낮아져 빙하가 넓게 발달했던 시기

**빛에너지** 빛의 형태로 전달되는 에너지

**사막화** 사막 주변의 토지가 황폐해져 점차 확장되어가는 현상

**산** 수용액 상태에서 수소 이온($H^+$)을 내놓는 물질

**산성** 산이 가지는 공통적인 성질

**산소** 지각과 생명체에 공통으로 가장 많은 원소

**산화** 물질이 산소와 결합하는 반응 또는 전자를 잃는 반응

**삼투** 세포막을 경계로 농도가 낮은 쪽에서 농도가 높은 쪽으로 물 분자가 이동하는
현상

**생명 가능 지대** 별의 둘레에서 물이 액체 상태로 존재할 수 있는 거리의 범위

**생명 중심 원리** 세포의 유전 정보를 DNA가 RNA에 복사해주고, RNA가 이 정보를
리보솜에 전달하면 리보솜은 그 유전 정보에 맞는 단백질을 합성하는 것

**생물 다양성** 어떤 특정 지역에 존재하는 생물의 다양한 정도로, 생물종이 가지는 각
기 유전자의 차이로 인한 변이의 다양함

**생물권** 인간을 포함하여 지구에 사는 모든 생명체

**생물적 요인** 생태계 내에 존재하는 동물, 식물, 세균 등 살아있는 모든 생물

**생분해** 유기 물질이 미생물에 의해 분해되는 현상

**생산자** 태양의 빛에너지를 이용해 광합성을 하여 생명 활동에 필요한 양분을 스스
로 만드는 생물

**생체 촉매** 생체 내에서 만들어져서 반응 속도를 빠르게 하는 효소를 이르는 말

**생태 피라미드** 각 영양 단계에서의 에너지양, 생물량, 개체 수가 하위 영양 단계부
터 상위 영양 단계로 갈수록 줄어들어 피라미드 모양을 이룬 것

**생태계** 사람을 포함한 모든 생물은 다른 생물과 그리고 빛, 공기, 물 등의 주위 환경과 서로 영향을 주고받으며 이루는 하나의 커다란 체계

**생태계 다양성** 어느 지역에 존재하는 생물이 살아가는 생태계가 다양한 정도

**생태계 평형** 생태계를 이루는 생물의 종류와 개체 수, 물질의 양, 에너지 흐름 등이 안정한 상태를 유지하는 것

**선 스펙트럼** 빛을 프리즘에 통과시켰을 때, 불연속적인 선이 나타나는 스펙트럼

**선캄브리아 시대** 지구 탄생 이후부터 약 5억 4100만 년 전까지

**선택적 투과성** 세포막을 통해 물질이 이동할 때 물질의 종류나 크기에 따라서 어떤 물질은 잘 투과시키고, 어떤 물질은 잘 투과시키지 않는 특징

**섭입대** 밀도가 큰 판이 밀도가 작은 판 아래로 들어가면서 가라앉는 지역

**성운** 우주 공간에 존재하는 티끌이나 먼지 등의 밀도가 높아 구름처럼 보이는 천체

**세포** 생명체를 이루는 기본 단위

**세포막** 세포를 둘러싸고 있으면서 세포 안팎으로 물질의 출입을 조절하는 막

**세포벽** 식물 세포에 있으며, 세포막 바깥쪽을 싸고 있어 세포를 보호하고 세포의 형태를 유지함

**소비자** 생산자와는 달리 양분을 스스로 만들지 못하고, 다른 생물을 먹이로 하여 양분을 얻는 생물

**소포체** 리보솜에서 만들어진 단백질을 수송하는 세포 소기관

**송전** 전기 에너지를 수송하는 과정

**송전선** 전기 에너지를 수송하는 전선

**수권** 해수, 빙하, 지하수, 강과 호수의 물 등 지구에 존재하는 물

**수력 발전** 물이 가지는 퍼텐셜 에너지를 이용하여 전기 에너지를 생산하는 발전 방식

**수렴형 경계** 두 판이 서로 가까워지는 판의 경계

**수소 핵융합 반응** 수소 원자핵 4개가 융합하여 헬륨 원자핵 1개를 만들면서 에너지를 방출하는 것

**스트로마톨라이트** 남세균에 의해 형성된 층 모양의 줄무늬가 있는 퇴적 구조

**스펙트럼** 빛이 분광기를 통과하게 되면서 파장에 따라 나누어지면서 여러 가지 색으로 분산되어 나타나는 띠

**신소재** 기존 소재의 단점을 보완하고 특수한 기능과 새로운 성질을 갖도록 만든 물질

**신재생 에너지** 기존의 화석 연료를 변환하여 이용하거나 햇빛, 바다, 바람 등의 재생 가능한 에너지를 변환하여 이용하는 에너지

**아미노산** 단백질을 만드는 단위체

**알칼리 금속** 주기율표에서 1족에 있는 리튬(Li), 나트륨(Na), 칼륨(K) 등의 원소

**암석권** 지각과 상부 맨틀의 일부를 포함하여 단단한 암석으로 이루어져 있는 부분

**액정 디스플레이(LCD)** 액체(liquid)와 고체(crystal)의 중간 상태에 있는 물질인 액정을 이용하여 만든 영상 표시 장치

**양이온** 원자가 전자를 잃어 (+)전하를 띠는 입자

**에너지** 일을 할 수 있는 능력

**에너지 보존 법칙** 에너지가 다른 에너지로 전환될 때, 전환 전후의 에너지 총합은 항상 일정하게 보존된다는 법칙

**에너지 전환** 에너지가 한 형태에서 다른 형태로 바뀌는 것

**에디아카라 동물군** 오스트레일리아의 선캄브리아 시대 지층에서 산출되는 동물 화석군을 형성한 생물군

**엘니뇨** 동태평양 적도 부근 해역의 표층 수온이 평상시보다 높아지는 현상

**역학적 시스템** 여러 가지 힘의 작용에 의해 끊임없이 변화하면서도 일정한 운동 체계를 유지하는 시스템

**연료 전지** 연료의 화학 에너지를 전기 에너지로 전환하는 장치

**연속 스펙트럼** 햇빛이나 전구 빛을 프리즘에 통과시켰을 때 모든 파장 영역에서 나타나는 연속적인 색깔의 띠

**연약권** 암석권 아래의 약 100 km~400 km 구간

**열기관** 열에너지를 역학적 에너지로 바꾸는 장치

**열에너지** 물체를 이루는 원자의 진동이나 분자 운동에 의한 에너지

**열효율** 공급한 에너지 중에서 유용하게 사용된 에너지의 비율

**염기** 수용액 상태에서 수산화 이온($OH^-$)을 내놓는 물질

**염기성** 염기가 가지는 공통적인 성질

**엽록체** 식물 세포에 있는 소기관으로, 광합성이 일어나는 장소

**오로라** 태양에서 날아오는 대전 입자가 대기 중 공기 입자와 반응하면서 빛을 내는 현상

**오존층** 자외선을 흡수하는 오존을 많이 포함하고 있는 대기층

**온실 효과** 대기가 태양 복사 에너지는 투과시키지만, 지구 복사 에너지는 흡수하였다가 재복사함으로써 지표의 온도가 상승하는 현상

**외권** 기권 바깥의 우주 환경

**외르스테드의 법칙** 도선에 전류가 흐르면 전선에 수직인 방향으로 자기장이 형성된다는 법칙

**우리 은하** 수많은 별이 집단을 이루고 있는 은하 중 태양계가 속해 있는 은하

**우주 배경 복사** 맨 처음 우주 공간을 가득 채운 빛

**운동 에너지** 운동하는 물체가 가지는 에너지

**운동량** 물체의 질량과 속도의 곱으로, 물체의 운동 정도를 나타내는 물리량

**원시별** 성운이 중력 수축을 시작하여 주계열성에 도달하기 전의 진화 단계에 있는 천체

**원자가 전자** 원자의 전자 배치에서 가장 바깥에 배치된 전자

**유기 발광 다이오드(OLED)** 전류를 흘려주면 유기물에서 스스로 빛을 내는 것으로, 유기물(Organic)과 발광 다이오드(Light Emitting Diode)의 합성어

**유기물** 주로 생명체 내에서 합성되는 탄소를 포함하는 물질

**유도 전류** 전자기 유도에 의하여 회로에 흐르는 전류

**유성** 우주에서 지구로 떨어지는 유성체가 대기와의 마찰로 타면서 밝게 빛을 내는 것

**유성체** 태양계 내를 특정한 궤도가 없이 배회하고 있는 바위에서 모래 정도 크기의 작은 천체

**유전자** 유전 정보를 가지고 있는 DNA 위의 특정 부분

**유전적 다양성** 하나의 종에서 나타나는 유전적 차이의 다양한 정도

**음이온** 원자가 전자를 얻어 (−)전하를 띠는 입자

**이온 결합** 금속 양이온과 비금속 음이온 사이에서 정전기적 인력에 의해 형성되는 화학 결합

**인지질** 세포막의 주성분으로, 지질의 한 종류

**자기 공명 영상 장치(MRI)** 초전도체에 만들어지는 강한 자기장을 이용하여 우리 몸 속에 존재하는 물 분자의 자기적 성질을 측정해 영상으로 보여주는 장치

**자연 선택** 환경에 유리한 형질을 가진 개체가 자연적으로 선택된다는 뜻

**자연 선택설** 다윈이 주장한 진화론으로, 생물종이 여러 세대를 지나는 동안 변이와 자연 선택의 과정을 거듭하여 진화가 일어난다는 주장

**자유 낙하 운동** 정지 상태의 물체가 다른 힘의 작용 없이 중력만 받아 아래로 떨어지는 운동

**전기 에너지** 전류가 흐를 때 공급되는 에너지

**전기 전도성** 전류가 흐르는 성질

**전동기** 자석이 만드는 자기장 속에서 전류가 흐르는 도선이 받는 힘을 이용하여 전기 에너지를 운동 에너지로 전환하는 장치

**전력** 단위 시간 동안 생산되거나 소비되는 전기 에너지

**전사** 유전 정보가 DNA에서 RNA로 복사되는 과정

**전자 껍질** 원자 안에서 전자가 원자핵 주위를 돌고 있는 특정한 에너지를 갖는 궤도

**전자기 유도** 코일의 내부를 통과하는 자기장의 세기가 변하면 코일에 전류가 유도
되어 흐르는 현상

**조력 발전** 밀물과 썰물에 의해 발생하는 해수면의 높이 차이를 이용하여 전기 에너
지를 생산하는 방식

**조력 에너지** 달과 태양의 인력에 의해 발생하는 에너지

**족** 주기율표의 세로줄. 1족부터 18족까지 있으며, 같은 족에 속한 원소들은 화학적
성질이 비슷함

**종 다양성** 일정한 지역에 사는 생물종의 다양한 정도

**주기** 주기율표의 가로줄

**주기율표** 원소의 성질에 따라 분류됨과 동시에 주기적으로 비슷한 성질이 나타나도
록 배열한 표

**중력** 질량이 있는 모든 물체 사이에 서로 끌어당기는 힘

**중력 가속도** 물체에 가해진 중력에 의한 가속도

**중력 수축** 물질들이 중력에 의하여 서로 끌어 당겨져서 좁은 영역으로 모이게 되는
현상

**중화 반응** 산과 염기가 만나 물이 생성되는 반응

**중화열** 중화 반응이 일어날 때 발생하는 열

**증산 작용** 식물체 내의 물이 수증기가 되어 기공을 통하여 밖으로 나오는 현상

**지구 내부 에너지** 지구 내부에 존재하는 방사성 물질의 붕괴 등에 의해 나오는 에너지

**지구 시스템** 지구를 구성하는 여러 요소가 서로 영향을 주고받으며 시스템을 이루
는 것

**지구 온난화** 지구의 평균 기온이 상승하는 현상

**지구형 행성** 수성, 금성, 화성 등과 같이 지구와 크기나 조성이 비슷한 행성

**지권** 지구의 겉부분과 지구 내부

**지시약** 산에 들어 있는 수소 이온이나 염기에 들어 있는 수산화 이온과 반응하여
색깔이 변하는 물질

**지진 해일** 해저에서 일어난 지진이나 화산 활동에 의해 발생하는 해일

**지진대** 지진이 자주 발생하는 지역

**지진파** 지진에 의해 발생하는 파동

**지질 시대** 지구가 처음 만들어진 46억 년 전부터 현재까지

진화  여러 세대를 거치면서 환경에 적응하여 변화하는 현상

철의 제련  산화 철에서 다시 단단한 철을 얻는 과정

초신성 폭발  무거운 별이 진화의 마지막 단계에서 폭발하면서 순간적으로 엄청난 에너지를 방출하는 천문 현상

초전도 현상  특정 온도 이하에서 물질의 전기 저항이 0이 되는 현상

초전도체  초전도 현상이 나타나는 물질

충격량  힘과 힘이 작용한 시간의 곱으로, 물체의 운동량에 변화를 주는 물리량

코돈  전사되어 형성된 RNA의 3염기 조합

쿼크  원자나 원자핵보다 훨씬 더 작은 기본 입자

탄산염  음이온이 탄산 이온인 염

탄소 나노 튜브  평면 모양의 그래핀이 원통 모양으로 말려 있는 구조의 물질

탄소  생명체에서 두 번째로 많은 원소

태양 에너지  태양에서 수소 핵융합 반응에 의해 생산되는 에너지

태양계  태양과 태양 주위를 공전하는 천체 및 이들이 존재하는 공간

태양광 발전  태양 전지를 이용하여 태양의 빛에너지를 직접 전기 에너지로 생산하는 발전 방식

터빈  높은 압력의 유체를 날개에 부딪치게 함으로써 회전하는 힘을 얻는 기계 장치

트랜지스터  전류나 전압 흐름을 조절하여 증폭하거나 스위치 역할을 하는 반도체 소자

파동 에너지  소리나 파도와 같이 파동이 가지는 에너지

파력 발전  파도의 운동 에너지를 이용하여 전기 에너지를 생산하는 방식

판 구조론  판의 상대적인 운동에 의해 판의 경계 부근에서 지진이나 화산 활동과 같은 지각 변동이 일어난다는 이론

판게아  고생대 말에서 중생대 초에 모든 대륙이 한 덩어리로 모여 존재했던 거대한 대륙

판상 구조  규산염 사면체가 얇은 판 모양으로 결합한 구조

퍼텐셜 에너지  높은 곳에 있는 물체가 가지고 있는 에너지

펩타이드 결합  2개의 아미노산이 서로 만나서 연결되면서 물 분자 1개가 빠져나오는 결합

표층 순환  해양의 표층에서 일어나는 해류의 순환

표층 해류  해수면과 바람의 마찰에 의해 바닷물이 일정한 방향으로 지속적으로 흐르는 것

풍력 발전  바람의 운동 에너지를 전기 에너지로 전환하는 발전 방식

플라스마  기체 상태의 물질에 계속 열을 가하여 온도를 올려 주면, 핵과 전자로 이루어진 입자들의 집합체가 만들어지는데, 이러한 상태의 물질

할로젠 원소  주기율표에서 17족에 있는 플루오린(F), 염소(Cl), 브로민(Br), 아이오딘(I) 등의 원소

핵  유전 물질인 DNA가 들어 있어서 생명 활동을 조절하는 세포 소기관

핵발전  핵연료가 핵분열을 할 때 발생하는 열에너지를 이용하여 전기 에너지를 생산하는 발전 방식

핵산  세포에서 유전 정보를 저장하고 전달하며 단백질을 합성하는 과정에 관여하는 주요 물질

핵에너지  원자핵이 분열하거나 서로 융합할 때 발생하는 에너지

핵융합 반응  가벼운 원자핵이 융합하여 더 무거운 원자핵이 되는 과정

형질  생물이 나타내는 특성

호상 열도  섬들이 활 모양으로 배열되어 있는 지형

화력 발전  화석 연료를 태울 때 발생하는 열에너지를 이용하여 전기 에너지를 생산하는 발전 방식

화산대  화산이 많이 분포하는 지역

화석  과거에 살았던 생물의 유해나 흔적이 지층에 남아 있는 것

화석 연료  석유, 석탄, 천연가스 등 생물의 잔해에 의해 생성된 연료

화학 에너지  화학 결합에 의해 물질 속에 저장되어 있는 에너지

확산  물질이 농도가 높은 쪽에서 낮은 쪽으로 이동하는 현상

환원  물질이 산소를 잃는 반응 또는 전자를 얻는 반응

활성화 에너지  화학 반응이 일어나기 위해 필요한 최소한의 에너지

효소  생명체 내에는 활성화 에너지를 낮추어 주면서 화학 반응을 빠르게 하는 물질

흡수 스펙트럼  연속 스펙트럼에 검은 선이 나타나는 스펙트럼

# 미리 끝내는
# 통합과학 개념 레시피

1판 1쇄 펴냄 | 2020년 1월 20일

지은이 | 이유진·문무현
발행인 | 김병준
편  집 | 이호정·이근영·김경찬
기  획 | EBS MEDIA
마케팅 | 정현우
본문 삽화 | 김재희
표지디자인 | 이순연
본문디자인 | 종이비행기
발행처 | 상상아카데미

등록 | 2010. 3. 11. 제313-2010-77호
주소 | 경기도 파주시 회동길 37-42 파주출판도시
전화 | 031-955-1337(편집), 031-955-1321(영업)
팩스 | 031-955-1322
전자우편 | main@sangsangaca.com
홈페이지 | http://sangsangaca.com

ISBN 979-11-85402-28-4 43400